柳主任

著

你的生命，可以有另一种可能

九州出版社

JIUZHOUPRESS

图书在版编目（CIP）数据

你的生命，可以有另一种可能 / 柳主任著 . -- 北京：
九州出版社，2018.1

ISBN 978-7-5108-6536-7

Ⅰ．①你… Ⅱ．①柳… Ⅲ．①人生哲学－通俗读物
Ⅳ．① B821-49

中国版本图书馆 CIP 数据核字（2018）第 012692 号

你的生命，可以有另一种可能

作　　者	柳主任　著
出版发行	九州出版社
地　　址	北京市西城区阜外大街甲 35 号（100037）
发行电话	(010)68992190/3/5/6
网　　址	www.jiuzhoupress.com
电子信箱	jiuzhou@jiuzhoupress.com
印　　刷	三河市金元印装有限公司
开　　本	880 毫米×1230 毫米　32 开
印　　张	10.5
字　　数	198 千字
版　　次	2018 年 3 月第 1 版
印　　次	2018 年 3 月第 1 次印刷
书　　号	ISBN 978-7-5108-6536-7
定　　价	39.80 元

　　真正厉害的人从来不会抱怨拥有的资源不够多，他们只是不停地为自己的人生挖掘更多的可能性，他们从来都不甘于平庸，身体里仿佛有一台永动机驱使他们一路向上。

　　你若真的不满意于自己当下的状态，羡慕于周围人的不同活法，那么你就不要甘于沉沦，而是勇敢行动起来，从当下做起，改变自己，那么有一天，你未尝不能成为你所羡慕的人群中的一员。

　　世人总是把女人的价值和年龄捆绑在一起，女人的衰老就等于缺乏魅力、失去爱情、放弃梦想了——仿佛过了 30 岁，女人生而为人的意义就全部结束了。所以，也造成这个社会上，很多女人 30 岁就死了，只是 80 岁才埋。

　　一旦你没有跳脱阶级局限性的实力，就会不可避免地滑向父母给你规划好的那种人生，并且把这种狭隘认知传递给你的下一代，世世代代平庸下去。

　　大胆说出你的渴望，不管他人的眼光去追寻你的渴望，毕竟没有什么比在他人嘲笑、甚至是鄙夷的目光中，亲手实现自己的梦想、超额完成人生 KPI（关键绩效指标）更爽更牛的事，不是吗？大胆说出想要，我什么都想要！不断升级自己的实力去匹配日益增长的野心，然后一个一个去实现，直到钩完你的愿望清单。

　　女孩子都想嫁入豪门，并指望由此改变自己的命运，将自己的人生完全交付在另一个人的手上时，你最终会失望也就不奇怪了。你要记住，命运只有牢牢把握在自己手中的时候，才不会活得像浮萍一样飘零。

前 言

生命是有另一种可能的

我信命，但从来不认命，我相信它会来认我。

要说过去 27 年里最大的人生感悟是什么，非这句话莫属。无论出身如何，天资高低，你都能够通过自身努力过上自己渴望的那种生活。而不是面对庸碌无为的人生，摇头叹息道："这是我的命。"

什么是命？我们出身平凡天资普通的人群里的大多数，难道就只能按部就班的升学就业，在家乡的小城镇过着一眼就能看到尽头的生活。20 岁就死了，80 岁才埋么？

我拒绝过这样的生活，拒绝对生活束手就擒，乖乖认领自己的"命"。我相信每个人的生命都不是注定的，只要你敢拼敢闯，生命定然会出现另一种可能，我自己就是一个例子——从懵懂无知到财富自由，从裸辞创业到霸道总裁，我用了三年时间。在这本书里，我分享了我一路走来的心路历程以及对事业、感情、人际关系的感悟。

这里没有什么微商女王的励志故事，也没有站到风口上猪都会飞的创业传奇。就是一个普通人通过笨拙的努力和不懈的坚持最大程度上改变命运的真实分享。希望对不满现状，想要改变人生的你有所启发。

给生命另一种可能，不做被迫妥协于现实的人

我们为了什么在拼搏？为的是不成为委曲求全的那个，为的是不成为不得不妥协于现实的人。

也是为了让那些打压过我们的人，伤害过我们的人，蔑视过我们的人，心里永远插着一根刺。

那根刺叫作"我有个全方面立体化碾压我的前女友，我这辈子也找不到比她更出色的女人"，也叫作"我最喜欢你看不惯我，也干不掉我的样子，真的好气哦"！

是的，我那么努力，就是为了站到"你这种人"够不到的地方。你永远不会出现在我住的那个小区，因为你买不起。你永远不会出现在我工作的那幢写字楼，因为你进不去。你永远不会跟我男人有任何瓜葛，因为你的 level 接触不到他的社交圈。

"我要用一样东西把我们彻底分开，这样东西叫做——阶级。"

当你酷酷的一心追求自己的理想，而不是困顿于昼夜厨房和爱。有质感的男人才会奉上真心展现诚意来追求你。

爱情不是等来的，也不是追来的，它是两个独立又有趣的灵魂的互相吸引。

指望生活随机分发的小确幸，不如自己给自己大犒赏

"女人的品位，不止体现在包包鞋子首饰上。站在她身边的男人，也难免有看走眼的时候。那又如何？一个女人的最高品位说到底还是一颗性感的、冷静的、智慧的、拎得清的大脑。"

"它比所有保险更能保障你一生平安，它比华服香槟好皮囊更能让你活得漂亮。那些拎得清的女人，才是真真正正的不畏将来不念过往，不与恶龙纠缠，不会凝视深渊太久。"

"情义千斤跟胸脯四两你都有，套路谋略和冰雪聪明也不缺，请把它留给值得的男士，而不是那些莫名其妙的跳梁小丑。

"能够滋养一个女人，让她越来越光芒四射的，除了恋爱，还有成就感。既然爱情的来去由不得自己，那就让事业上的一砖一瓦为自己累积自信。

"我是一个贪心的女人，也为自己的贪心付出了应有的代价。但我并不会感到遗憾，我选择的人生就是这样，在每个阶段，都清楚自己想要什么，然后全力以赴去抓住。

"至于我会错过什么浪漫温馨的风景，失去什么人间烟火的温情，那就错过好了。我甚至告诉自己，你命里本来就没有这些。

"我是那种，不指望生活随机分发给我小确幸的，而是自己给自己大犒赏的那种女人。"

当你不指望男朋友养家糊口，甚至还做好了赚钱支持他追求梦想的打算，你就会变成一个脱离了低级趣味的女人：

"不需要任何精神导师，你就会自动远离悲春伤秋、自怨自艾、八卦吐槽、攀比妒忌的闲散预备役的中年妇女人生模式，从而变成一个有格局、有野心、有胆识又高度自律的'职感超正'的女人。"

生命有何种可能，取决于你选择一条什么样路

有时候你埋怨生活的种种不如意，觉得自己怀才不遇，其实真正的原因只是你对自己太好了，太舍不得狠狠用自己了。

我相信，人这一生吃苦的总量是恒定的：

你逃过了学业上的苦，就不可避免的要面对找工作的苦。

你吃不下艰苦工作的苦，就必然会面临生活上的苦。

你熬不住失恋的苦，执意嫁给一个并不适合的男人，或是执意娶一个不适合的女人，将来可能就不得不吃离婚的苦。

命运面前，无人幸免。所以干脆别耍滑头，两个字：受着。

你选择了一条安逸的路，企图避开所有来自生活的暴击，就不要抱怨为何迟迟收不到来自命运的馈赠和惊喜。

打得赢怪兽，才收的到礼物。想做笑到最后的高级玩家，首先你得打赢大 boss。希望每个承受了生活暴击的人，最终都会被命运温柔以待！

目 录

第四章　在爱情中，挑剔其实是一种美好的品德 191

第五章　婚姻从来不能把谁变成一个更好的人　253

第一章

这世界属于不认命的人

奋斗吧！这个世界终究不只是拼颜值

你身边有没有生得美丽，却情路坎坷的姑娘？

很不巧，我身边常常被男人套路、利用、伤害、抛弃的姑娘，几乎都是颜值高于平均值一大截的美人。

我有个朋友，我叫她瑄瑄，因为她的外形、身材简直跟徐若瑄一模一样。她有一张能百分百激起男性保护欲的脸，以及性感到 100 分的身材。158 厘米的身高，D 罩杯的胸，基本上从 16 岁到 60 岁的男性通吃。

她虽然美，却是又美又蠢的典型代表。每一任男朋友都很渣，最后嫁给了一个万渣之王！

瑄瑄被一个一毛不拔还满嘴跑火车的男人哄着结了婚，婚后发现男方酷爱赌博欠下巨债，她不得不把父母给她买的房子卖掉还债。

因为两人经常吵架，经济也十分拮据，他们前前后后有过三个孩子，他都不肯要。

不仅如此，他还在她做完流产手术的恢复期间爱上了打游戏认识的女网友，一走就是两个月没有回家，现在还要为了小三和她离婚。

瑄瑄的命运跟她母亲惊人的相似，她妈妈年近60别人都看得出年轻的时候是个大美人！无奈年轻的时候有恃无恐、作天作地，年老的时候孤身一人自我放弃。

她没有给女儿一个温暖的家庭，也没有给她良好的教育，只给了她惊人的美貌，可正是美貌成了她所有不幸的导火索。

不要觉得这个例子是少数情况，看看你们身边的同学朋友，被男人害得最惨的是不是颜值高于平均水平的那些女性？

所以说，美貌从来都不能保障你的人生。

几年前有句流行语：长得漂亮是优势，活得漂亮那才叫本事！而现在，长得漂亮也不算什么优势了，因为长得漂亮的女孩太多了！

这两年朋友圈里一些从事不同职业的人都纷纷做起了整容行业，甚至还有一个名头叫"微整师"。现在整个容实在太方便了，跟买菜似的，所以从来没有哪一个时代，女人像现在这样追求外表上的完美。

年龄尚小、经历尚浅的女孩们都有一个误区：漂亮是女人最重要的武器，只要我变漂亮了，想要的一切我都会得到。

所以近年来网络上流行一句话：颜值即正义。言下之意就是颜值高的人说什么做什么都是对的，还有一句比较通俗的话表达的也是这种含义：你美，你说什么都对。

这无疑给吃瓜群众造成了一种假象：只要长得漂亮，生活就会善待我，人们就会包容我，幸运就会眷顾我，命运就会垂青我。

总之，只要我是个美人，我注定会过上比一般人高级的人生。

我承认那些从小美到大的女孩一定会比外形普通的姑娘享受到更多的照顾和关注。

那些特别漂亮的女孩从小就比相貌普通的女孩受到更多关注，得到更多机会，但不意味着，这种优势会持续一生，有很多反而变成了"伤仲永"的结局。例如最近被广泛讨论的林妙可和杨沛宜。

美貌是把双刃剑，它让你受到更多关注、拥有更多机会的同时，也势必让你面临同等的压力和诱惑。

例如，从小就漂亮的张柏芝，十几岁的时候在大街上被星探发掘，拍摄了一支柠檬茶广告从此出道，星路一片坦荡，25岁时拿了香港金像奖最佳女主角，至今无人能超越她"金像奖最年轻影后"的头衔。

但是她的情路非常坎坷，就连她自己都说过："追我的男人都说我是他们心中最漂亮的，会爱我爱到死。可是每一次都是他们先离开我。"更多的美女未见得有张柏芝那么好的事业运，却被垂涎她们美貌的男人伤害得遍体鳞伤。

《了不起的盖茨比》里有一幕是女主角黛西对着自己尚在襁褓中的女儿说："真希望你将来做个美丽的小傻瓜。"她的原意应该是希望女儿像个傻白甜一样幸福地过完一生。

而我常常跟闺密讲："如果我将来有个小女儿，她若没有智慧跟财富，最好不要生得太漂亮。"

一个贫穷又愚蠢的美人，她的一生注定充满险恶漂泊。又美又穷容易沦为男人的玩物，又美又蠢那就更糟糕了，前者至少得到了钱，后者往往人财两空。

古有怒沉百宝箱的杜十娘，现有留下"人言可畏"四个字就自尽的阮玲玉和一声不吭就跳楼的陈宝莲。

谁说美人都能拥有美好的人生？要我说，被男人祸害得最惨的女人往往都是美人，因为长得难看的他们没兴趣与之纠缠。

我反对任何物化女性的言论，但是此处还是要举一个不恰当的例子：

普通女孩就像一幅精美的画，她会被妥帖保管，细心收藏，在一个家里一面墙上挂一生。而绝世佳人就好像世界名画，无数人都想拥有她，令她变成自己炫耀的资本。

可是没有多少人会把这幅画带在身边一生，于是她几经易主，飘零流浪，全凭命运。很多人都想拥有它，却很少有人会好好收藏一辈子。这是世界级名画和世界级美女的共同点。

你看伊丽莎白·泰勒，一生结过八次婚。玛丽莲·梦露有两任丈夫、无数情人，可是她在临死前还在哀婉地喃喃自语："爱我的男人们都到哪里去了？"

所以说，好面孔不一定可以置换好事业，好容颜并不一定拥有好姻缘。漂亮的人的确拥有更多机会，但是这些机会里也裹挟着数不清的糖衣炮弹和奶酪陷阱。

美人们的命运好似在赌博，赌赢了是幸福美满、安度晚年的林青霞，赌输了是精神失常、露宿街头的蓝洁瑛。

你以为美人的人生是 easy 模式那就太天真了，事实上，美人的人生绝对都是铺满带刺玫瑰的 hard 模式。因为美丽总是与更多诱惑、更多弯路、更多陷阱相伴，让美人们稍不留神就粉身碎骨、万劫不复。

所以美貌的标配是什么？必须是聪明！足够的聪明！

纵观古今中外，每一个美丽的笨女人都没有好下场，数不清的心怀不轨的鸡贼男人要来占有她、利用她最后再抛弃她。

就这么折腾几个来回，早早地"美人辞镜花辞树"，最后落得个孤老终生，这样的例子还少吗？

如果你自认是一位聪慧的女士，只是缺少了美貌这项先天条件，补上它就能让你如虎添翼，所以怀揣着"整容改变命运"的念头，企图通过换脸的方式换到一个"精装修"的人生，我只能说你还是太天真了。

搁 20 年前，美貌况且还算一个稀缺资源，因为后天可以改善的空间比较小，所以那个年代的美人各有各的特点，真真称得上是百花齐放，绝代风华。可到了 2017 年，谁都可以轻松拥有高鼻大眼巴掌脸。

正因如此，美貌的红利被严重稀释了。如果你还幻想着把外表当第一生产力，是不是有些天真呢？

所以说美貌就没有任何实用价值了吗？无论你是天生丽质好基因抑或是后天改造下决心，你的美貌唯一的用途就是得到一句无关紧要不能变现的称赞吗？

那也未必。

美貌是花朵，没有丰沃的土壤去滋养它，只会急速凋零。

但你把美貌当成实现梦想的次要条件而非主要条件，它还是可以发挥很大作用的，因为外表归根结底是一种软实力，需要跟其他的硬实力相结合才能发挥作用，如才华＋美貌、勤奋＋美貌、富有＋美貌、智慧＋美貌、高情商＋美貌、好性格＋美貌等。美貌是 0，如果没有前面支撑它的 1，它什么也不是！

如果把美貌当作最重要的生产资料，你的人生不会有任何辉煌的产出。

就像 papi 酱，被称作"低配版的苏菲·玛索"，说实话她长得挺漂亮的。可是使她成为"最火视频段子手"的难道是她的颜值吗？还不是她创作的短视频实在太戳主流笑点了！

一开始做视频的时候，她没有团队，文案、拍摄、后期都是自己一个人，并且坚持了很久才火。所以她的成功主要靠才华跟勤奋，而不是外表。当然，你硬实力够强的情况下，才能体现出软实力的优势。

如果她长得很难看，或许打开她视频的第三秒你就关掉了，你根本没机会看到她的才华。正是因为她外形还不错，至少不令人讨厌，再加上搞笑的台词和夸张的表情，你才会看完她一个又一个视频。

所以美貌是给硬实力加乘的，没有"硬货"做基础，你给什么加乘呢？0乘以任何数字，仍然是0啊！

所以，如果你是一个明艳的大美人，不想浪费老天对你的犒赏，想要用你的美貌去置换其他资源的话，务必记得放下孤芳自赏的镜子，放下你天生丽质的架子，放下别人对你的恭维。

像个普通的甚至是丑陋的从来不幻想"靠脸吃饭"的女孩一样，踏实地工作，辛苦地经营，挖掘你的天赋，修补你的短板，直到有一天你得到的一切都跟美貌无关的时候，才是美貌开始发挥它最大价值的时刻。

才华不会折旧，金钱还有复利，品位相伴一生，只有美貌每分每秒都在贬值。年轻貌美的姑娘多得像货架上的可乐，喝不喝都没关系。

亦舒借喜宝之口说过："一个20岁的女孩立志要弄点钱，

无论外形条件如何，终究是可以弄到的。"

我不否认这一点：永远有人 20 岁，却没有人永远 20 岁。

这世间从不缺少出身贫穷困苦，把生活过成一摊烂泥的大美人。因为美貌既是礼物，又是诅咒，关键看你如何运用手中的魔法，用不好就变成了反蚀自己的黑魔法。

忘掉自己是大美人这件事，像一个一无所有的人那样去经营自己的人生。

不要妄想走捷径，不要妄想靠脸吃饱饭，更不要妄想有哪个男人会为你的美貌买一辈子单，才是美貌开始变现的时候。

如果你天生貌美，请不要辜负这份幸运。如果你外形普通，更不要因此感到自卑，投入太多精力在变美这件事上，因为这个世界终究不只是拼颜值。

这个世界从来都不属于那些除了美貌一无所有的女人。

是千千万万聪明、理智、目标坚定又勤奋克己的女人，分享着这个世界的掌声、荣耀、财富以及最优质的男人。

或许你不够漂亮，但依然不影响你闪闪发光！

同样是受情伤，
为什么有人变女神经，有人变女总裁

读小学的时候，我住在武汉一个非常普通的小区。那个小区比较老了，邻居素质也不是太好，常常会乱丢垃圾、制造噪声之类的。

经过几次交涉沟通无效后，我父母决定要赚钱购买带电梯的商品房，搬离这个小区，而不是跟素质低的邻居们一直做无谓的纠缠。

这件事让我明白，如果你觉得身边的人太小，或者不喜欢目前的环境。你要做的并不是去改变他们，而是通过努力化被动为主动，提升自己的 level，创造更多选择权。

例如：选择逃离那个你既无法适应也无法改变的环境，给自己打造一个更好的环境，而不是在一个根本无法改变的环境里苦苦挣扎，抱怨连篇。

我父母给我的教育是：你可以勇敢去追求所有想要的生活，而不是一味地忍受。忍一次就会有第二次，习惯忍受小的委屈，就会习惯忍受大的委屈。

努力是种向上的生活姿态，人生匆匆数十载，你是愿意要要要，还是忍忍忍？

努力是为了从此不必忍受一个没有素质的邻居、一个糟糕的生活环境、一份低收入的工作、一个出轨成性的老公、一个异常叛逆的孩子等等。努力的目的不是去适应，而是不必迎合你所厌恶的一切。

够努力的人都是那些舍不得放弃自己的人，然而那些舍不得放弃自己的人，无论遇到怎样艰难困苦的状况都可以触底反弹，绝地反击，化悲痛为燃料，在人生的赛道上成功逆袭。

我有两个闺密，她们曾遭遇过同样类型的渣男，就那种你怀孕了他却跟你说他已经结婚了的渣中之冠。她们都曾悲痛欲绝，怀疑人生，但最后她们走向了完全不同的结局。

一个彻底萎靡，变成了死宅、家里蹲，把自己封闭成套中人，再也不相信男人和爱情，荒废事业，疏远朋友，爆肥20斤；另一个闹够了哭哑了，决定痛定思痛从头来过，寄情于事业和健身，成了人人羡慕的貌美多金女总裁，还顺便报复了渣男一把，把他最优质的客户撬走了。

同样是受情伤，为什么有人变女神经，有人变女总裁？只不过面对挫折与痛苦时的选择不一样，有的人沉溺其中随波逐流，有的人像壁虎那样不惜断尾自救。

要知道，放弃自己真的很容易，下坡路从来不费半点力气。

谁不想每天吃吃喝喝，当个不用工作也不负责任整天放飞自我的死宅？堕落这条路真的太轻松太容易，稍不留神就会滑下去，一路滑到无法挽回的人生低谷。

相反，在最难的时候都不舍得放弃自己，不给自己找理由博同情，放弃那些无休止又毫无意义的自怜情绪。

能做到这些真的太难太难，需要超乎常人的意志力。但往往只有这种人，才是人群中最耀眼的存在，才是人人羡慕的人生赢家，才是皇冠上的那颗珍珠啊！

分手后用痛苦和屈辱去鞭策自己，成为更好的自己，直到他的 level 不配成为你对手的那天。当你走向高处，奔向更宽广之地，这就是你对他的最好报复，也是对当初那个受尽委屈和不公、手足无措的自己最好的交代。

一个女人为什么要努力？

为的是不成为委曲求全的那个，为的是不成为妥协现实的人。

也为了让那些恶毒的同性，打压过我们的上级，伤害过我们的渣男，蔑视过我们的同行，心里永远插着一根刺。

那根刺叫作"我有个全方面立体化碾轧我的前女友，我这辈子也找不到比她更出色的女人"，也叫作"我最喜欢你看不惯我，也干不掉我的样子，真的好气哦"。

对啊，我那么努力，就是为了站到"你这种人"够不到的地方啊。你永远不会出现在我住的那个小区，因为你买不起。你永远不会出现在我工作的那幢写字楼，因为你进不去。你永远不会跟我男人有任何瓜葛，因为你的level接触不到他的社交圈。

我要用一样东西把我们彻底分开，这样东西叫作——阶级。

所以为什么我们要特别努力？人活一世，你想一路忍还是一路赢？我们真的没有第二个选择，成为更好的自己，不是想象，是必须！

人生只有两条路，要么忍，要么赢。

一路将就的人生和一路冲锋的人生，注定是不一样的人生。

很多人会说，我也知道要努力啊！我也知道要赢啊！问题是哪有那么多人生赢家？我们这些出身一般、资质平庸、运势一般，外形丢在晚高峰的十字路口，分分钟就被淹没在人潮里的普通姑娘到底应该怎么努力？

其实很简单，我们把目标定小一点，具体一点。不要把目标和一个伟大而又漫长的结果挂钩，这样你的目标就很容易被实现，从而鞭策自己继续坚持下去。

例如，今天看了10页书，明天看15页；今天平板支撑做了1分钟，明天坚持1分零10秒；今天背了20个单词，明天争取25个；今天举手之劳做了一件善事，明天多做一件；这个月只能坐地铁上班，下个月争取绩效上去了有钱打个滴滴；今年只能背500块的包包，明年能不能背上1000块的？

不把安全感交给星座、水逆或别人怎么说，而是存款上的数字、玲珑紧致的身材、3年以上的职场成长目标。

你我不是白富美，不是闪光灯时刻关注的明星，更不是华尔街上的女高管女总裁。有钱有颜的她们尚且拼劲十足，你我资质平平的普通人怎能懈怠！

我们想要成为更好的自己，必须以职场和事业为起点，用智慧和实力弯道超车，把无关紧要的人和事狠狠甩在跑道之外，优雅大气过好此生。

不爽就买张机票去土耳其坐热气球看世界上最美的日落，累了就去日本幽静的半山温泉，敷着最贵的面膜思考下一程。

当你的安全感和成就感全靠自己的双手，从无到有，一点点实现了自己想要的一切，就再也不会害怕失去什么，因为你随时有能力再赢回来。

努力并不是一个遥不可及的宏远目标，而是被拆分成可行性极强的生活里的小目标。在每一件具体的事情上进步一点点，日积月累，你的整个人生就会有巨大的飞跃。

时过境迁，再回过头看上个月的自己，上半年的自己，甚至是3年前的自己。你一定会有脱胎换骨的感觉，也一定会感谢那个一路拼、一路赢，从未放弃自己的那个你！

最重要的是，姑娘，你要学会把你的生活和人生目标联系在一起，而不是具体的某个人或者琐碎的某件事联系在一起。这样你才会心无旁骛、全神贯注地尽情生活，而不是在胡思乱想、碌碌无为中蹉跎了青春。

生活前进一小步，人生前进一大步。

我这么努力，不是为了早点嫁人，而是为了想什么时候结婚就什么时候结婚，想不结婚就可以不结婚。我这么努力，不是为了得到一个优秀员工奖，而是给自己的员工颁这个奖。我这么努力，不是为了遇到更好的男人，而是为了邂逅更好的自己！

努力不仅仅决定你能要什么，更重要的是它能够决定你不要什么。

有时候，接受需要勇气，拒绝更需要实力！那些又美又忙又厉害的女人，每一天都在你看不到的细枝末节处暗暗努力、默默拼搏着！

这世界属于不认命的人

今天下午闺密突然在微信上喊："武汉现在有什么厉害的算命师傅啊？你带我去算命吧！急需算一卦！"

她今年刚刚迈入 28 岁，本来定的 10 月份结婚。酒席订好了，婚纱照也拍完了。有天加班回家，姑娘看见跟自己年龄相仿的未婚夫正在骂骂咧咧地打游戏，身上的赘肉完全是 45 岁老男人的标准。

心一横，不结了。

这并不是一时冲动，你所能看到的表象只不过是暗流汹涌之上的一层薄冰。

你结婚前就对这个男人不满意，抱着一种凑合过日子的心态把婚姻当垃圾回收站将自己当废品扔进去，那么婚后一定更不满意，没有什么意外惊喜。

她在三天内迅速地把前未婚夫"处理"掉了，包括跟双方父母摊牌，退还礼金，收拾男方的行李把他从自己家里"请出去"，等等。

我这么有主见又雷厉风行的闺密都寄希望于算命，那广大优柔寡断又心慈手软的妹子岂不是要在算命摊子那儿驻点了？

话说她找我陪她算命，并不是毫无缘由。

主任我曾经是个沉迷于算命的人（你们不准笑话我），武汉厉害的大师我几乎都找遍了，甚至还跑去南京和成都找当地的师傅算过。无论是五行八卦还是道教佛教，算出来的都大同小异。

他们都会强调以下三点：

1. 我五行皆备自带好命，只要不自己瞎作，一辈子不愁钱不愁爱不愁子女。

2. 年纪大了寿终正寝，绝对不会死于非命。所以每当我在飞机上遇到全程紧握念珠嘴里念念有词的人都很想跟她说："大姐，跟我一班飞机，包您安全抵达，求求您别念了，我脑仁疼！"

3. 命不是一般的硬，遇到跟我合适的男人会非常旺他，遇到不合适的，直接克死人家。

有一次我当时的男朋友也在场，这哥们吓得都快结巴了，赶忙问师傅我俩合不合适。师傅非常配合地说："你平常少惹她生气，她还是旺你的。"

这些都不是重点，重点是师傅们把我过去的经历和算命那年即将发生的事都说得清清楚楚明明白白，并且八九不离十。所以我个人觉得，找对了人算命还是很准的。

那为什么我突然就不算了呢？

首先是因为我算了那么多次师傅们说的话都一样，其次是因为2016年初我奶奶去世了，这件事对我打击很大，最早那批读者都知道，我当时还写过三篇祭文。

亲人辞世是用最残忍最极端的方式逼你长大，迫你坚强。这件事让我深刻感受到：原来生命里有些事确实是我们无能为力的，它不可预知，不可逆转，不可弥补。

就算师傅算出我奶奶要走，我能阻止这一切吗？经历过生死，经历过天人永隔，你就会看淡许多事，也不那么计较眼前得失了。最后是我去年真的太忙了，没时间跟算命师傅周旋。

但是如你所见，这一整年我的运势还不错，老天并没有亏待我什么，还有意料之外的馈赠。看到这里你是不是想说：你不就是天生命好吗？在这里秀什么优越感？

仔细想想，是，也不是。

命运是什么？五行八卦是你摸到手里的牌，但是怎么打这些牌靠的是你的心智和性格。

所以我劝她不要算命了，因为我相信她会顺利熬过这道坎，并且越过越好！

朋友：又想去算一命了。

主任：你觉得我去年命好吗？

主任：我用三个字形容就是"好绝了"。

……

主任：我去年赚了一辆52万的奔驰，拿剩下的钱去美国玩了两个月；没去过一次医院，除了被玻璃划伤挂急症那没办法；一直单身，所以并没有为情所困；也没有什么人际关系上的变数。自从我不算命了，我才真正掌控自己的命运了。

我说唯一进医院那次是被玻璃划了，实际上那天凌晨3点，我脱了衣服正准备洗澡，家里的玻璃淋浴房在我面前轰然倒塌。

前一秒我还来不及反应，后一秒已经全身是血了。半年过去了，我锁骨和脚背上的疤痕到现在还没好。毫不夸张地说，我现在住酒店都不敢进玻璃淋浴房，看到它我就紧张。

我没有问老天，为什么偏偏是我遭这种罪？受伤的第二天，去打破伤风的路上，我还更新了一篇博文，提醒大家注意这个安全隐患：一个全身受伤差点毁容的我给大家的良心建议。

可能我们大白羊的性格天生如此，比较积极乐观，不会自怨自艾。老天对我好的时候我会觉得他老人家最疼我了，对我不好的时候呢，我会怪水逆！开个玩笑，我会想这是一个小小的考验，通过后他一定会给我大大的礼物。

而不是去想，为什么世界那么大，他非要针对我一个人？听主任一句劝，各路神仙都忙着呢，哪有时间针对你？

总之，别怨天尤人，积极地生活，努力地工作，霉运总会过去的。谁家娃娃天天哭？哪个赌徒天天输？凭啥就你天天倒霉呢？你说是吧！

我说我一年没吃过感情的苦，因为我单身。你知道这意味着什么吗？这意味着凌晨1点45分的航班，我要拖着两个大箱子自己拦车回去。这意味着一个很爱看电影的人因为不知道和谁看，一整年只去过不到10次电影院。

这意味着，情人节、圣诞节、七夕节我都不知道要怎么过。今年也是如此，下个月生日我都准备飞去台湾找闺密过了。

还意味着，我不敢生病，因为没人陪我去医院。我不敢在家过年，因为不想亲戚问东问西。有时候我会想要一个拥抱，我只能去抱自己的猫——它有时候还不给我抱。

又意味着，所有朋友的婚礼、孩子的满月酒，我都是一个人去。有时候逛街看到好看的男鞋跟衬衫，我特别想买，但是不知道该送给谁。

如果你也单身超过一年，我想你会明白这种感觉。

我曾经是一个不能没有爱情的人，如今却是一个非常习惯单身的人。你看看，在我最美好的年华里，一直都是一个人。你还会觉得我命好吗？你还觉得老天特别眷顾我吗？

最后说说工作，既然大家都不是靠买彩票和诈骗去赚钱，所以我没有什么值得称道的经验跟大家分享，就是找到契合时代需求并适合自己的工作，不问结果、不求回报地做下去，你总会看到令你满意的结果甚至是超出你预期的回报。

讲真，无论是卖红酒、做淘宝还是经营公众号，那些比我努力又有才华的，真的比我挣得多了去了。所以说，大部分人的努力程度真的还没到需要拼运气的时候。

你嫌弃自己命不好，它还嫌你不努力呢！

最后我分享一个姐姐的亲身经历给大家，其实她的故事我在《人生的高度取决于你翻篇的速度》这篇文章里写过。

一个出身县城、没有学历、年龄不小、胸围不大、长相一般的离异女青年是如何不靠阴谋，不玩套路，不下迷药，嫁给比自己小 4 岁的海归高富帅的。

按照她的条件，是不是应该在离婚之后回到县城嫁给隔壁杀猪的胖子，第二年生了个女儿胖了 50 斤，婆婆还要逼她再生个儿子？由于没有家庭地位也没有工作，只能再拼一胎，结果又是女儿，又胖了 30 斤，这下跟老公的体形很登对了。

于是就在老公的横肉、婆婆的责怪、孩子的哭闹里了此残生。

你认为这就是她该有的命运，她偏不！她就是奋起直上，扼住了命运的咽喉，顺便还请自己的过去"吃"了两个耳光。

每当我觉得自己很难的时候，每当我快要坚持不下去的时候，我就会想到这个姐姐。我的处境比她还要差吗？为什么她可以翻身，而我不可以？

在看这篇文章的你们，我相信没几个姑娘比她的过去还要惨了，真的。所以不要寄希望于算命，不要怪自己没有生长在大富之家，也不要怪命运没有给你安排一位白马王子。

这个世界属于那些不认命的人，正是因为他们舍不得放弃自己，所以命运才舍不得放弃他们！当然你也可以把自己的懒惰和悲观归结为"认命"二字，那么我来给你看看一个女人认命的下场是什么。

我信命，但我不认命。

如果我想飞，我会找到办法飞。

我会一直骄傲而又坚定地往前走，而命运只是一条乖乖跟在我身后的狗。

我也想温柔，可生活不给我温柔的机会

每当我暗暗发誓要做个温柔的女人，总有些莫名其妙的人跳出来用匪夷所思的实际行动告诉我：温柔有时候解决不了任何问题，生活只买悍妇的账！

对一个活了 26 年，想要洗心革面做温柔女人的白羊座而言，这是多么痛的领悟啊！

前几天我和闺密去吃宵夜，被一辆公交车别了整整一条街，我的车甚至快要被挤到护栏上去了，公交车车身离我的车的后视镜只隔一厘米，雷达报警器一直在尖叫，公交车司机都不为所动。

无奈之下，我只有狂按喇叭提醒他，司机才稍稍把车挪开一点。说句实话，这是我今年第一次按喇叭，我平常最讨厌路上有司机动不动就按喇叭和开远光灯。我做了最让我自己鄙视的事，因为逼不得已，再不按喇叭我的后视镜就没了。

在公交车即将擦到我小笨笨（我车的名字）右边耳朵的时候，

在闺密的尖叫中，再加上狂响的喇叭声中，司机总算是挪开了一点点。

相信我，武汉的马路挺宽的，三更半夜的，路上车也非常少，这辆公交车并不是被其他车别，才别我的，它就是下意识的、无理由地别我。虽然我的小笨笨很幸运地没被擦到，但是我还是一肚子怒火。

作为一个好好开车、一分都没被扣过的拿了8年驾照的老司机，我老老实实、规规矩矩开我的车，凭什么要被你别到马路对面去了？就因为你车大一些你就欺负人吗？我越想越气，直接一脚油门把司机逼停了，然后用武汉"特产""汉骂"把他吼了一顿，还没等他反应过来，我一脚油门又开走了。

司机整个一脸蒙，我感觉有两种可能：一、他根本不是故意别我，就是开车习惯不好，别小车别习惯了。二、他根本没想到，一个看上去柔柔弱弱的女司机会做出这种事。

无论出于哪种情况，我都不能忍啊！其实这种事不应该在公众号上说，这里不仅有我的客户、潜在客户、亲戚朋友、老师同学，或许还有我未来的男朋友甚至老公啊！

或许他本来挺喜欢我的，看到这里难免会想："这么凶的女人我惹不起，还是算了。"

于是大好姻缘就这样错过了……

所以我至今单身，我的迷妹真的要负大部分责任，你们知道吗？！我在这里暴露了太多隐私和真性情，为的就是现身说法让你们少走弯路。

结果你们倒好，三天两头给我报喜，给我发结婚证。跟我说自从关注了我，人变美变瘦了，感情顺利了，工作进步了，哪儿哪儿都好了。

而我呢！自从有了这个公众号，我就变成了一枚单身狗！

有一次跟闺密旅行，我穿着内衣对着卫生间的镜子画眼描眉，她躺在床上看着镜子里反射出的我，自言自语道："啧啧，这身材，这脸蛋，竟然也单身。真是两个王炸憋到最后也没打出来，活活烂锅里了。"

真是把我气笑了！

从小到大，我都喜欢并且擅长自己解决问题。我爸妈从小教育我，自己的事情自己做，不要给别人添麻烦；同时也告诉我，独立是一个女人最重要的事，不要指望找个男人养自己。

这两件事，我都做到了。事实证明，这使我在建立亲密关系上有点障碍，说白了就是不会也不习惯去依赖别人，也会让别人觉得我很难抓住，难以掌控。

当然了，动不动就要掌控你人生的男人也不是一个理想的伴侣。

但是不得不承认，傻白甜们更容易激起一个男人的保护欲。男人要的是什么？无条件的崇拜啊！无底线的依赖啊！所以傻白甜就是自卑又自负的直男们心头所爱啊!

但是爱归爱,时间一久就会发现:爱不起!因为傻白甜只能观赏,根本就不适合生活!除非是已经实现了财务自由,每天爬山打球的男士,这另当别论。

一般男性还是需要一个如同战友一般的女友,他顶不住的时候你是他坚强的后盾,他受到了打击伤害,你是他可以安心躲去舔舐伤口的亲人。他遭受了委屈冤枉,你甚至可以替他讨回公道。

你们一起打怪升级,在人生的道路上互相扶持,从两个小白变成两个高级玩家。这才是大部分男人理想的伴侣,所以他们常常说:"找女朋友要找好看的,找老婆要找好用的。"

这个"好用"可意会不可言传,主任给你一个眼神,你们自己体会。

我有个好朋友,大二的时候得了癌症,当然现在恢复得挺好。我要分享的是她和家人战胜病魔的故事。她被确诊出癌症的时候,她爸简直整个垮掉了。在长达两年的治疗期间,她爸都是一副随时要撒手人寰的样子——不是在她的病房里默默垂泪,就是在家不吃不喝地对着鱼缸发呆。她爸好歹也是个经历过风雨的国家老干部,平常对她也特别严厉,她自己都没想到她爸爸会有这么大反应。

反而是她妈妈,一个平庸的家庭妇女,在这个时候挑起了大梁。她说:"我妈一个动不动就看韩剧流泪的人,在我患病期间竟然一滴眼泪都没流，无比坚强！"

"在我查出癌症的那一刻，我爸整个垮掉了，我妈非常镇定地说要三家医院确诊才算数。后来确诊是癌症后，我妈又到处找人把我弄到北京去看病，找当时最权威的专家定方案。"

"紧接着我妈在医院旁边租了个房子，每天给我做饭照顾我。我妈好像完全不在意我得的是癌症，她就是雷厉风行地筹划着一切，并且坚信她所做的一切可以把我治好，于是，我就真的康复了。"

"我想，这个奇迹是我妈创造的，看到她那么弱小的一个中年妇女为了孩子瞬间变得刚强如铁，我又怎能退缩呢？"

也许对抗病魔，除了好的医疗条件，最重要的是相信自己能够活下去的一口气！而让一个家庭在危机与困难中屹立不倒的，也正是女主人骨子里的这口气！

我始终记得我奶奶去世的时候，我跟我爸爸完全是两具行尸走肉。每天不吃不睡，不知道自己在干吗，反正只知道哭。我爸还忍忍，不在人前哭，我基本上是走到哪儿哭到哪儿，完全克制不住。

要说我妈不难过这是假的，但是我跟我爸直接难过成了两个废人。我妈哭完了还能把丧葬后事安排得妥妥当当，有条不紊。

晚上做完一家人的饭，安抚好我跟我爸的情绪，我妈就一个人坐在书桌旁戴着老花镜拿着小本本记下谁包了多少钱，以后好还情。完了打电话安排白宴，确定名单，抬头看见哭成狗的我还得安抚我两句。

我相信，无论你爸是干什么的、什么性格，家里遇到这种事，都是妈妈承担得多一些。

"女子本弱，为母则强。"我不同意这句话，因为女人骨子里就有与纤弱外表不相符的强悍，只有当了妈妈才直观地体现出来。

生命是由子宫孕育的，而子宫长在女人身上，还有比孕育生命更强大的事吗？

甚至有时候，外表越温柔的女性，内心越强悍，这种反差往往让人心生敬佩。比方说娇滴滴的大小姐林徽因，谁会想到她竟然能在那么艰难简陋的环境下拖着病躯陪伴梁思成度过了漫长的幽禁岁月？

"温柔要有，但不是妥协。我们要在安静中，不慌不忙地坚强。"这种不慌不忙的坚强，才是最强悍筋道的人生。

我也想温柔，可是这个世界不相信眼泪，只相信丛林法则。生活不是浪漫言情剧，它是纪实恐怖片，往往只买"悍妇"的账。

到了某个年龄你就会明白，男人说他们喜欢温柔的女人，实际上并不会选择温柔的女人，而是选择能给他们解决问题的有用的女人。除非他们自己可以解决所有问题，唯一的问题就是需要有人温柔地对待他。

你以为做个温柔的女人就有人站出来保护你，给你遮风挡雨。实际上你会发现，柔弱的小草只会遭人践踏。保护你脆弱的人不会多，利用你弱点趁火打劫的人不会少。

我也想做个温柔的女人，但是生活没有给我这个机会，只给了我强悍或者更强悍这两个选项。

我有想过，如果将来我会结婚，我的请帖上只写八个字："彼此温柔，从此以后。"

我会温柔地与你交谈，温柔地拥抱你，温柔地安抚你所有的恐惧和不安。同样我也会做个悍妇，与你并肩作战，与你共抗外侮，与你一起坚强面对每一个未知的考验。

没有与生俱来的好夫妻，是共同经历的那些事，使得我们的生命有了更深层次的连接。

我是悍妇，我不臣服于生活，是它跪拜于我。

敢于暴露自己的野心

主任在微博上看到了一个女团比赛的颁奖视频，完全不关心这类新闻的我一下子被视频中这个因不满于自己屈居第二、就在领奖的时候恶狠狠大放厥词的姑娘吸引了。

这个姑娘叫李艺彤，她先是说自己这一年过得很黑暗，不太尽如她意，但还是感谢粉丝一直陪伴在她身边。

随后她指着冠军的座位说："这个座位明年一定会是我的！"

"我不会被打倒的，红色光一定会点亮黑暗并且冲出去！"这种前言不搭后语的中二少女简直就是娱乐圈的一股清流……

"只要我坐上这个座位就不会轻易下来的！"这股子不服输的横劲，是不是还蛮可爱的？并且这样狠在明面上的人一般都没什么坏心眼，把野心写在脸上的人好过把坏水憋在心里的人。

上次我在娱乐圈中看到这般坚定甚至是凶恶的眼神，还是从章子怡的脸上。之前我看过一个李安的采访，他说拍《卧虎藏龙》

的时候，有段时间不确定是否要用章子怡。

直到有一次拍一幕吊威亚的戏，设备出了点问题，眼看章子怡就要从高空冲撞到墙上了。别的女演员这时候一定会尖叫着想方设法护住脸，但是她没有，她就这么硬生生地拿脸去撞墙。

"从那一刻起，我再也没想过换掉她。"李安这样说。

章子怡这股子倔强不服输的狠劲从出道起一直跟随着她，直到当了妈妈后整个人才柔软下来。我一直很喜欢她，我认为一个演员把野心写在脸上，把企图心倾注到作品里是一件非常职业非常性感的事。

想要在专业领域做得更好有什么问题吗？想要塑造无人可超越的经典角色有什么问题吗？想要拿国际影后给自己一个交代有什么问题吗？

这才是一个演员最可贵的上进心，而不是放着表演艺术家不做，跑去做流量艺术家，不做演员跑去做网红。对演技的提升毫无企图心，整天沉迷于机场街拍、微博热搜、撕番位、争主演这些莫名其妙的东西。

看看时下这些毫无演技又整天霸屏的流量小花，你难道不觉得章子怡这种女演员要珍贵一万倍吗？

《一代宗师》里的宫二最终放下了叶问，但是现实生活里的章子怡从未放下过对事业、对爱情、对名誉地位的企图心。所以如今的她依然是无人可超越的"国际章"，在过尽千帆以后也找到了自己的幸福归宿。

纵观演艺圈，能够做到家庭事业都兼顾并且演技永远都在线的女明星，一只手就能数得过来，而章子怡，一直都在这个榜单之上。

正视自己的野心，承认自己的欲望，在中国这个传统又讲究中庸思想的国度里并不是一件招人待见的事。

需要非常强大的内心以及不被外界所影响的坚定才敢撕掉谦虚平和的保护膜，把野心暴露在阳光之下，任人评说。

除此之外，还有一大帮等着看你笑话的同行，以及搬好小板凳嗑着瓜子等着看你墙倒众人推的吃瓜群众。所以，将自己的野心告知天下，无疑是一件将自己暴露于危险之中的决定。

敢这样去做的人，我相信他们拥有比普通人强得多的勇气，韧性以及执行力。至于视频里的那个女孩明年会不会夺冠，我持乐观态度。并且，只要她的才华配得上自己的野心，即使不在女团混了，娱乐圈也会有她的一方天地。

想要，这没有任何问题。最怕的就是你年纪轻轻一无所有还安慰自己知足常乐，平凡可贵。

你刚刚毕业，月薪3000，从没渴望过月薪3万的生活。那么很有可能职场的黄金十年过去了，3000变5000，你一辈子都不会拥有月薪3万的生活。

你姿色平庸，身材普通，从没想过要做个精致的女人。那么很有可能油腻、痘痘、肥胖会从 20 岁一直跟着你到 30 岁，直接变成松弛、下垂、斑点跟皱纹。时光将你从一个平凡的少女磨成一个平凡的妇女，终其一生你也没体会到什么做女人的乐趣。

你被父母安排相亲认识一个男人，就是芸芸众生里最不起眼的那一款。你说不出他有什么优点，他也谈不上有什么硬伤。你爱他吗？大概是爱不起来的。要说你有多厌恶他，那也不至于。

也有那么一个瞬间你想要嫁给爱情，或者说嫁给更好的生活。但也仅仅是那么一个瞬间的冲动，之后你的胆小懦弱不自信求安稳又把你一把拉回现实，告诉你面前这个爱不起来又挑不出大毛病的经济适用男挺好的。

你都 28 岁了还折腾什么呢？没准再往后走，连这样一个男人都遇不到了。

于是你这一生既没有遇到炙热爱情，也没有遇到"一掷千金"。你不知道自己为什么要结婚，除了一堆麻烦也不知道婚姻给了你什么，回过神来你即将步入广场舞的行列。

许多人的一生，就在自我怀疑、自我约束、自我否定中错付了。

我有许多优秀的读者，我不知道是什么夺走了她们本该拥有的野心跟自信，让她们甘心垂头丧气地去过一种低眉顺眼、得过且过的生活。

所以我把公众号的 slogan 改成了"要美，要钱，要男人，"鼓励各位姐妹，大胆说出你的渴望，然后不管他人的眼光去追寻你的渴望，你才会成为你此生最耀眼的偶像。

毕竟没有什么比在他人嘲笑甚至是鄙夷的目光中亲手实现自己的梦想、超额完成人生 KPI 更爽更牛的事，不是吗？

大胆说出想要，我什么都想要！不断升级自己的实力去匹配日益增长的野心，然后一个一个去实现，直到钩完你的愿望清单。

野心勃勃，热气腾腾，就像盛夏公路上一辆加满油的红色跑车那样一路狂飙，我希望你做这样的姑娘。

怀着丧丧的心情积极向上地活着

漫漫人生路，谁还没个想不开的时候？

谁不曾遭遇挚友背叛、渣男伤害、同事甩锅、领导陷害、事业瓶颈、身体抱恙、高考失败？

谁没在深夜痛哭，怀疑过人生？我有时候也觉得我是不是被幸福遗弃了，月老是不是拿我的红线去绑粽子了？

但是怀疑归怀疑，我每天依然怀揣着丧丧的心情积极向上地活着。努力工作，创造价值。

然而，这种"怀揣着丧丧的心情积极向上地活着"大概是每个现代人都有过的状态吧。

一方面，你感到压力让你心生恐惧，生无可恋，只想随波逐流自我放弃；另一方面，你需要为衣食住行、房租水电去打拼，一刻都不敢怠慢。

特别是创业者，你今天不努力，就不知道明天的晚餐在哪里。

以前是担心老板克扣你工资,现在是担心自己发不出员工的工资。这种压力,可想而知。

我从 24 岁开始创业直到现在,三年来也算是总结了一套非常实用的"精神胜利法"去面对一些难熬的时刻,无论是工作上的还是感情上的。

今天想跟诸位分享一下,我经常用到的三个实用锦囊,希望它们可以助你熬过那些难挨时刻。

我刚开始做进口红酒的时候,经常要穿着高跟鞋和职业套装在 40℃高温的武汉提着宣传册和样品酒满大街跑。说实话我并不是苦大的孩子,吃苦能力非常一般,读大学的时候兼职做模特收入真的比刚工作那会儿多了去了,也没吃过什么苦。所以这种又要吃得苦,又要跟很多素质一般的中小型商贸公司老板打交道的生活,我确实不太习惯。

怎么办呢?我就开始自我催眠,给自己洗脑:"你现在是一个一线女演员,这半年你要演一个角色,就是从农村到城市来的打工妹。你一定要好好揣摩角色心理,力求演出彩。半年后你就可以名利双收,拿到千万片酬和金马奖了。"

大家不要笑话我,这个办法真的很管用!

每当我坚持不下去的时候,我就告诉我自己:这些"卑微的,无聊的,让人难以忍受的"工作都只是暂时的,你的价值不止如此,但是你现在必须做这些看似没有价值的事,有朝一日才可以凸显你真正的价值。

很多时候，我真的是靠着这种自我催眠的信念熬过了无数个想要放弃的瞬间。半年后，女演员的戏终于杀青了。我也如愿"名利双收"，搞定了湖北省体量最大、最有价值的客户，并且拿下了一个 500 万的订单，首批回款 100 万。

如果一开始我就陷入无尽的自我怀疑、无休止的抵触情绪，反复纠结"老娘干什么不好，凭什么要做这种工作"，我永远做不出成绩，也永远只能做最基础、最没有技术含量的工作。

工作上有成就了，你才有自信。有自信了，你才会有更大的成就。

所以不要嫌起点低，不要自暴自弃，更不要动不动就抱怨连天。你若真心觉得委屈，就自我催眠这是女演员在演戏，现在的你只是你要塑造的一个角色而已。

我相信，你也会跟自己幻想出来的那个女演员一样，有属于自己名利双收的那天。

说完了事业咱们来聊聊感情，正所谓"没有在深夜痛哭过的人不足以谈人生"，而我这辈子所有的深夜痛哭都来自于感情。

但是 24 岁过后，也就是我辞职创业以后，真的是一夜长大快速成熟。首先我为感情这回事要死要活、作天作地的频率明显减少了，因为我把大部分精力都放在工作上，实在是没时间演什么情感大戏。

也是从那时候起，我才明确知道，女人这一生可以依靠的别无他人，只有自己的工作。

工作越忙碌越操心越好，如果你的工作还不够让你操心，你自然会为了其他莫名其妙的毫无价值的事操心。

例如，他昨天晚上为什么没给你打电话？例如，为什么吵架3天了他还不主动给你发微信？例如，他前女友关注他的微博了，你应该跟他聊聊这件事吗？

听着，只有闲得发慌的女人才会去在意这些事！当你忙成我这样，讲真，你男朋友一周不给你打电话你都意识不到，什么前女友关注他微博？拜托，我哪有时间刷微博？

记住，只有你的工作不会在你一觉醒来之后告诉你，它不再爱你了。

这句话不是我说的，是玛丽莲·梦露说的。虽然她一生也为情所困，但是不妨碍人家是死了几十年还被人记住的好莱坞巨星啊！

言归正传，如果你被劈腿了，被分手了"很伤心"怎么办？

这个你一定要听主任的，主任是谁？主任不是心理医生，也不是情感专家！但我是被三甲医院确诊为中度抑郁，走出医院就把药全部扔垃圾箱，自己把自己治好的那号人。

内心强大到像个混蛋，说的就是我本人。

今天，分享一个我伤心绝望、深夜痛哭时的心理活动，希望对大家有用。

我在非常难过、濒临崩溃的时候，心里总会出现一个声音对我说："你要记住你此刻的心痛和狼狈，不要再让自己陷入同样的境况。你要铭记此刻的感受，以后写书写剧本塑造人物的时候，你会用得上。"

甚至是："你此刻的痛苦煎熬不能白受，你的眼泪要有价值。你要学会把痛苦内化成一种能量，让自己更强大。"

"把你经历的这些破事和贱人以及他们带给你的感受，塑造成你笔下的人物，去写个大 IP，卖个好价钱。有朝一日你邀请家人朋友看自己编剧的电影首映，你的难过才算有价值。你才不算是一个庸常弱小的女人。"

我就是这样熬过失恋的，讲真，我从来没有因为失恋喝醉酒或者刷爆信用卡的情形，也从来没有控制不住自己半夜三更给任何一个前男友打电话的时候。

我绝非一个冷血无情的人，我相信白羊座的血都是滚烫的，内心没有细腻又澎湃的情感，你没办法靠写字谋生。

只是我特有的思维模式决定了我的行为，并且这种行为确确实实让我生活的方方面面都走向正轨，变得更好了。

所以我把它分享给大家，希望它也能帮助你熬过那些难挨的时刻。

我可以，你同样也可以！

是生活不如意，还是你对自己太好了

今天我去某高校拜访一位服装设计专业的老师，请教一些专业上的问题。老师说她女儿跟我长得有点像，但是性格完全不同。她希望女儿变得有事业心一些，在专业领域也能有所建树，而不是毕业三年了还在漂。

老师给我看了她女儿的朋友圈，她女儿是一个身高175（厘米）的小美人，从小学画，毕业于国内服装设计专业的顶尖学府，从小受到妈妈的熏陶，周围的叔叔阿姨也可以提供源源不断的行业资源。

可以说是老天赏饭吃，才貌双全还自带资源。可是她并没有在专业上有所建树，还是靠做模特以及偶尔给服装公司提供设计图维生。

老师非常希望女儿能够在专业领域做出成绩，成为一位知名设计师或者成立自己的服装品牌。可无论老师如何苦口婆心地提点劝诫，女儿始终对专业上的事不太上心。

这位老师就觉得，可能是圈子的问题，女儿在上海的朋友同学很多都是富二代或者职业模特，本来就没有赚钱的压力和创业的想法。她说，等女儿回武汉了要多跟我交流，让我带她多跟我的创一代朋友们接触，或许会改变她的想法。

我问老师，您女儿热爱物质生活吗？喜欢鞋子包包奢侈品吗？想买车买房吗？老师说，想啊，她非常爱买东西，看中的车也是 50 万元以上的，并不是一个清心寡欲的人。

我说，那问题并不出在圈子上，而在于她想要的东西您已经提供给她了，她哪儿还有动力奋斗呢？您是生活上补贴她比较多吗？

老师说，她年轻的时候去新疆支教，女儿就一直带在身边，从小亲自培养她。后来回武汉了，又把女儿带回来读初中高中，艺考也是全程陪同。女儿大学去了上海，她每年至少去学校四趟，帮女儿洗衣服床单，搞好同学之间的关系，等等。

女儿毕业后想要留在上海，自己又没有收入来源，老师每个月资助女儿一万块租房吃饭，直到去年才停止补贴。

听她说完这一切，我感觉我家里那个妈妈是假的。

小时候老师让做手工作业，我做不完祈求妈妈帮我，不然第二天会被老师批评。我妈非常淡漠地说了一句："你自己做不完就应该付出代价，明天被老师批评了你就长记性了，下次就会提前做了。"

于是她就真的不管我。

读书的时候我妈永远不记得我哪个班，大学期间她就去过学校一次，我学校就在武汉市，她自己也有车，就是懒得管我。后来毕业了我去天津工作，找房子的时候妈妈过来陪了我几天，后来再也没出现过。

再到后来我辞职创业，她从来没问过我钱够不够，是否需要帮助。直到现在我开始运营自己的原创服装品牌，她也退休了，才主动提出帮我管财务分担一下。

以上这些，并不是在吐槽我妈。我想说的是，很多时候我就是无依无靠地一个人往前冲。每当我累了倦了想要停一停找个依靠，放眼望去身后空无一人。

这并不是你计划 A 走不通，转身还有个计划 B 等着你，给你依靠，而是面前就只有这一条道，撞破南墙你也得走通。

我妈平常比较节约，也很善于理财，所以我相信她是存下了关键时刻可以帮我一把的备用金。但是她从来没有给过我任何指望，每次都是让我有多大能力办多大事，不要指望任何人会资助我。

所以这么多年，我已经养成了独立解决任何困难、搞定一切事情的习惯，从来都不指望有人帮忙，偶尔遇到热情帮助我的人，便会心存感激，而不是觉得人家理所应当。

常常有读者问我，我的父母是如何教育我的。其实，他们真没有什么厉害的教育方法，只不过是该放手的时候舍得放手，该让我吃的亏一个都没少让我吃。

小时候，我也会不理解父母的做法，觉得他们不够爱我。

近些年，我越来越能体谅他们的良苦用心：小时候摔跤不来扶我，让我自己爬起来。长大了看我入不敷出也不管我，让我自己去奋斗。

他们舍得让我面对成长过程里一个又一个小挫折，因为他们舍不得让我面对成人世界里的残酷暴击。

5岁的时候摔一跤，跟25岁时摔一跤，你所面临的挫折和痛苦是截然不同的。20岁被甩跟30岁被甩，带给你的打击也不是同一个量级的存在。

有些亏早晚都是要吃的，躲得过初一你躲不过十五。只是早点吃，你就能早点长出那层厚厚的壳去抵抗生活的暴击。

每个女人，都应该被暴打一顿。变成半个男人，接下来的日子就好过多了。

我相信，人这一生吃苦的总量是恒定的。

你逃过了学业上的苦，就不可避免地要面对找工作的苦。

你吃不下艰苦工作的苦，就必然会面临生活上的苦。

你熬不住失恋的苦，执意嫁给一个并不适合的男人，将来就要吃离婚的苦。

命运面前，无人幸免。所以干脆别耍滑头，两个字，受着。

有时候你埋怨生活的种种不如意，觉得自己怀才不遇，真的只是对自己太好了，太舍不得狠狠用自己了。

你选择了一条安逸的路，企图避开所有来自生活的暴击，就不要抱怨为何迟迟收不到来自命运的馈赠和惊喜。

打得赢怪兽，才收得到礼物。想做笑到最后的高级玩家，首先你得打赢大 boss。希望每个承受了生活暴击的姑娘，最终都被命运温柔以待！

听说你不喜欢我，却又想和我做朋友

昨天发的那篇文章真的是吓到我了，后台留言接近 500 条，很多从来没留过言的潜水党都纷纷浮出水面指点江山了。

但是让人很欣慰的是，500 条留言里，就没有一个站在"唐氏妹"那边的。每一篇文章，我都会把不同的意见放出来，为的是让大家兼听则明，不要只听我一家之言。

但是昨天那篇，我一条反对的留言都找不到……看来在对待垃圾人的态度上，大伙儿是高度一致的！无奈微信只允许公开 100 条，所以剩下的 400 条主任会轮流放出来，争取让大家都有机会上墙！

500 条留言里，最让我印象深刻的是一个从没留过言的陌生妹子说的一句话。

她说："主任，你有的文章写得很好，有的观点我也不太喜欢。主要觉得你有点强势，有点高调，我还是喜欢柔软随和的人。

我之所以一直都在关注你，是因为关注你很有用！"

"学习你的三观，每周看你的护肤视频，现在又关注你的理财号（主任迷财）跟着你学习理财知识，都让我的生活发生了实实在在的积极的改变！所以无论喜不喜欢你，我都会一直关注你的！"

说实话，看到这条留言，我感到非常欣慰。

比一味的"我很喜欢你，我觉得你很酷所以我关注你"给我更多的满足感。

说到底，"喜欢"是主观情绪，"有用"是客观事实。一个人不太喜欢你，却依然承认你有用，有价值，是一件值得骄傲的事。

因为你的能力受到了肯定，这比你讨人喜欢重要得多！

常常有一些迷妹给我留言说："为什么我暗恋的他不喜欢我？为什么我同事不喜欢我？为什么我对我闺密那么好，她却在背后说我坏话？！"

主任想说：你不是人民币，不可能人人都喜欢，更何况今天喜欢你的朋友，明天可能因为一件小事与你反目。

你要知道：单纯的情感维系需要投入很高的成本，但稳定性却很差。温柔、友好、善良，这些很多人都具备的品质不仅很容易被替代，也很容易因为一件小事的不够周全，而前功尽弃。

主任的同学G小姐，她以前做什么都是三分钟热度，很多份工作没干两天就放弃了，所以毕业好几年了还一事无成。

前两天去她家做客，我惊讶地发现她不仅熬过了3个月试用期，还工作了半年之久，她爸妈都觉得难以置信！

G小姐以前特别矫情，公司要求上午9点上班她觉得太早了，几乎每天迟到。全公司都在加班，她一个人做不完事情还第一个走人，被领导批评后就愤而辞职了。

刚开始她都觉得是别人的原因，别人对她苛刻不宽容，工作不好找，经济形势差。后来换了好几份工作，仍然是这个结局。

后来男朋友也因为她的懒散和矫情跟她分手了；因为常常迟到，脱离社会又缺乏共同语言，曾经的"闺密"们也越来越少约她出来。

渐渐地，她发现自己的不靠谱不仅仅对工作造成了巨大的影响，对自己的爱情、友情、整个人际关系都有不小的负面影响。

她回头看看曾经的自己，也觉得太幼稚了，那时候却浑然不自知。

她对我说："我以前是不是特别不靠谱"，我回答："是"。

只有你变得勤奋，才知道以前的自己有多懒散！

只有你变得优秀，才知道曾经的自己有多平庸！

只有你博览群书，才知道以前的自己有多无知！

只有你看过世界，才知道曾经的自己有多短视！

在人际交往中遇挫的人，最重要的并不是提高情商，而是提高你的不可替代性。

哪怕你是一个群众演员，也拜托不要迟到，不要演个死人还眨眼睛。

在这个势利的年代，再挑剔的人也可能因为你的个人能力强，社会资源多，甚至是每个细节都做得无可挑剔而选择与你合作。

答应别人的事付出百分百的努力去做、约会从来不迟到、承诺的事从来不拖延等等，都能为你带来很多真朋友、好工作。

除了喜欢你的人，会跟你做朋友，尊重你的人，认可你价值的人，说白了"觉得你有用"的人也会跟你做朋友。

前者很难把控，基本靠气味相投的缘分，后者是只要我们依靠经营努力就可以达到的。

即使是再普通的工作，也有高下之分。

你看看那些精品月嫂，月入过万的，每天都不重样地分享育儿技巧，是精湛的专业技能让她们在市场上大受欢迎而不是"见人满脸笑，脾气特别好"。

反过来谁又会喜欢那些性格特别好，但是笨手笨脚、不思进取的月嫂呢？

还有专车司机，为什么有的人月入几万，有的人收入还不够养车呢？决定他们收入的首要条件一定不是他们对待乘客的态度，而是工作是否勤奋可靠、驾驶是否安全又快速、接单后能否第一时间赶来等等。

一个人能够给我们带来稳定的实用价值以及实实在在的益处比这个人可以给我们带来很高的情绪价值要重要得多！

那些专注于高效工作提升自己的人，一定不会关注别人喜不喜欢自己，因为他的全部精力都用在钻研如何精进自己的能力，如何理财让钱生钱，如何过上有品质的生活！

当你成了某方面的专家，你会发现你身边从来不缺朋友。

有人说，每个人身边都要有四个朋友："医生、律师、会计师、警察"。看到了吗？是四个实用的职业人，而不是什么甜美可人、和蔼可亲、性格豪迈、幽默可爱之类的人！

真的就是生活里实实在在用得着，遇到什么事帮得上忙的！这样的人你或许不喜欢他，但是你需要他！

在你们没有利益冲突，也没有沟通障碍，也不至于一看到他就不爽的情况下，你还是会选择交这个朋友的！

这才是人之常情啊，朋友！！

对于绝大多数没有天生长着一副可人面孔，并非情商卓越、为人处世技巧高超的姑娘们，成为一个做事靠谱、对他人有价值的人，才是成本最小的人际交往方式。

比"你不喜欢我，又打不死我"更牛的是，"你不喜欢我，却又想跟我做朋友"。

因为喜欢的人易寻，靠谱的人难找。

你靠谱，我才愿意跟你交朋友！

你有用，才有更多的人愿意做你的朋友！

一个想要流浪，一个想做新娘

昨晚马思纯、周冬雨同获台湾金马奖影后的视频，看得主任激动万分、泪流满面。我并不是她们的粉丝，但是在电影院观看《七月与安生》这部电影的时候，也被当中细腻的情感和表现手法感动得泪光闪烁。

与范冰冰的自信笃定，和另外几个被提名人的故作镇定相比，这两个20多岁的姑娘仿佛从没想过自己会得奖。正如马思纯所言："我们入围了很多次，但是没有一次得奖，所以习惯了失望，没有任何期待。"

但是当冯小刚念出周冬雨的名字，她激动地与周冬雨拥抱祝贺的时候，冯导紧接着又念出了马思纯的名字，并强调："这一次的金马奖是双影后，你们都获奖了！"

这一瞬间，整个剧组沸腾了！周冬雨和马思纯都没有预料到这样的双重惊喜，然而她们之后的举动、稚嫩而又直率的获奖感言真的戳到了我的泪点。

在视频里周冬雨说："我们家没有一个是做电影的，我觉得特别光宗耀祖。"紧接着，她语无伦次地感谢完了所有人，生怕遗漏了谁的名字，于是再次深深地鞠了一躬。

马思纯一上台就不好意思地说："哎呀，我又要哭了！"于是一边整理情绪一边让周冬雨先讲。

轮到她说的时候，她也像自己饰演的七月那样考虑得更周全。

她说："这是我们电影最圆满的结局，因为七月和安生本来就是一个人。"紧接着对周冬雨说："我要感谢你，如果没有你，我不会站在这里。当然没有我，可能你也不会站在这里。"

然后两个女孩儿相视一笑，紧紧地抱在了一起。

就是这么没头没脑、语无伦次、一会儿傻笑一会儿哭泣的两段获奖词，却感动了现场和电视机前的所有人。

看看林依晨，看看陈可辛，看看马妈妈，看看窦靖童。

每个人都被她们的真实和激动感染到了，即使是见证了20届金马奖的陈可辛大概也从没有听过这么语无伦次的获奖感言。

她们都还很年轻，也都塑造过失败的、不尽如人意甚至广受诟病的角色。但是《七月与安生》真的是一部让她们重新找到自己做演员的意义的一部电影。这部电影就好像是为她们量身打造的那样生动自然。

周冬雨在接受采访的时候也说过："我们演的时候没有那么努力，玩儿着玩儿着就演完了。当初甚至都不觉得它卖得出去。"

"结果现在有这么好的反响，我们还相互说：命运这个事不好说。所以我们俩就反思了一下，觉得以后不管演任何角色，努力是一方面，还有一方面就是每个片子都有它的命运。"

1992 年生的周冬雨能说出这番话，是我不曾预料到的。

我承认，把这部电影放在往年获奖的电影中去比较，有些底气不足。跟今年共同提名的电影相比，也有些"矮子里面拔高子"的意味。

但是这部电影的导演曾国祥是小演员出道的，这是他独立指导的第一部电影。周冬雨自《山楂树之恋》之后，根本没有什么拿得出手的作品。马思纯就更不用说，简直是毫无记忆点。要不是监制是陈可辛，我当初都不会去电影院看。

但就是这么一部没有给我任何期待的电影，让我在电影院里目不转睛地坐了两个小时，结尾的 15 分钟哭得停都停不下来……

她们不是最好的演员，但是在这部电影里绝对奉献了自己最高水准的表演。周冬雨说"演起来没那么努力"，也是从侧面反映了导演对于选角的独到眼光。他找到了最接近角色内核的人去演自己，就是找到了角色的灵魂。

《七月与安生》的故事并不复杂，但是导演真真切切地把故事讲圆了。无论从人物塑造还是剧情设置，无论从明线还是暗线的铺陈都做到了一部两个小时不到的电影能讲述出的完整和完美。

要知道，每年多少青春题材的电影连故事都讲不清楚的？说到青春片不是打架就是堕胎，剧情狗血得千篇一律，演技差到观众以为自己在看 PPT。

而这部电影不仅把故事讲圆满了，还非常巧妙地拍出了三重结局，在原著的基础上把人物性格挖掘到了极致。

这部影片看似简单的情节却拍出了三个层次，表层是单纯的三角恋关系，中层是七月和安生之间的友情纠葛，更深层则是关于女性自身的自我觉醒与身份认同。

要说演技，我个人认为周冬雨演得更好，特别是在医院签死亡通知书的那一幕。但是马思纯在原有基础上的突破更大。按照组委会的说法，也是把七月与安生视作了一个整体去评判，才有了"双黄蛋"影后的结局。

有网友打趣道："家明（片中男主角）无法做出的抉择，评委们也无法做出。"但是不同于以往的三角恋电影一定要一个结局——他到底爱谁？最后到底跟谁在一起？这部电影根本不关心家明到底爱谁，而安生是否真的爱家明，他们到底有没有背叛过七月，也变得无关紧要。真正重要的是表层之下的七月与安生的纠葛、渗透和转变。

家明只是一条线，穿起了两个女孩十几年的时光。

在这部电影里，每个女孩儿都能看到自己的影子。七月与安生都活成了对方的样子，这是她们对彼此最好的怀念。

七月文静乖巧的外表下隐藏着一颗放浪不羁的安生的灵魂，而安生对漂泊无依的生活感到厌倦的时刻，是否也会怀念和七月一起泡澡的温暖？

其实，每个女孩儿的心里都住着一个七月，一个安生。

一个向往自由，一个渴望安逸。

一个想要流浪，一个想做新娘。

我们都有不得不去做的自己，以及渴望成为的那个自己。

我们都在庸常生活的缝隙里，幻想着这个世界上存在另一个自己，做着自己不敢去做的事，爱着自己不敢去爱的人。

七月与安生很羡慕对方，很幸运的是，她们也成了对方，即使以一种残酷决绝的方式。

所以这部电影是拍给所有女孩看的，你一定会在某一句台词或者某一个镜头里清晰地看见自己。

然而，现实生活里，我们都只有一种人设，也无法跟闺密交换人生。所以选择一条最让自己心甘情愿的路，头也不回地把它走好吧！

电影里，七月的妈妈对她说："女孩子这辈子无论走哪条路都会很辛苦，但妈妈希望我的女儿是个例外。"

这句话，我至今想起都觉得很催泪。因为其实妈妈心里明白，根本没有例外。

但无论你是七月还是安生，我都祝福你。

最后再次恭喜 24 岁的周冬雨和 28 岁的马思纯获得金马奖最佳女主角。老天不会辜负那些有天赋还很努力的年轻人。我承认获奖需要一点点运气，一点点机缘，如同周冬雨所说："每部电影有它自己的命运。"

但是机会永远只留给有准备的人。我喜欢看这个功利的世界颁给年轻人的奖项，我喜欢看那些年少成名者茫然无措却又春风得意的脸庞。

这个习惯于"论资排位"的社会，肯给年轻人一些机会是非常难得的事。抓住你来之不易的上升通道，然后奋力向上爬，不要辜负你的天赋和机遇才是正经事。

如果有人质疑你，请用二十几岁的张曼玉说过的这段话回击他："奖在我手上，随便你说什么，我不在意。"

想做一个没有槽点的女人，到底有多难

　　主任最近拔了颗智齿又碰上病毒性感冒，身体不太舒服。昨天晚上吃了安眠药准备早点睡，我指的早点睡是凌晨 1 点前。

　　想到我淘宝店铺因为用了一张雅诗兰黛官方图片被举报了，后果比较严重：

　　首先是用各种方法都搜不到店铺了，除非在收藏夹或者"已买过的宝贝"里面找。再就是一周内不得上新，不得修改库存，7 天后鹿晗店长还得考一个有关规则的考试，考过了才能解封。

　　我担心得睡不着，一是我担心坚持了一整年的"周三视频上新"要开天窗，二是担心他考试考不过，我们继续封店。

　　后来总算想到了两个绝佳的解决方案，我又开始担心有赞商城那边的售后问题。看了一眼闹钟，已经是两点半了，我确定跟这两个系统有利益关联的所有人都睡着了，只剩我一个人在黑暗里焦虑着。

今天起床，头昏脑涨，咽痛鼻塞。我看了一眼读者号，98条未读消息，各种事情等我处理；又打开个人号，刷个朋友圈，看到的第一条分享就是"家庭事业两手抓，女人就要这样赢"。

当时我就怒了，分享这篇文章的人我都直接删好友了。删完我还不解气，还要发条朋友圈吐槽：

我最讨厌看到写什么一个女的家庭事业都兼顾得很好，生了好几个孩子身材也保持得很好的文章。我绝对不是嫉妒这种"人生赢家"，而是我讨厌鼓吹这种变态的价值观。社会对女人要求太高了，要把普通女人都逼死了。对男人基本上除了赚钱以外没有任何的要求，如果一个男的还有比较高的自我要求，那真是万里挑一。总之，在中国你想当个没有槽点的女的太累了。

结果引来了三十几个女朋友不约而同的跟帖留言，其中最精彩的莫过于跟我惺惺相惜的作家好友艾明雅，你们自己看看！是不是无法辩驳的有道理！

身为一个女人，我给这个社会的义气标配是160厘米身高，60公斤体重，健康，高中文凭，正常，月薪基本线，有社保，不惹事，不作恶。

如果我30岁依然美貌苗条，花大钱搞出马甲线装点城市，年薪不菲，自立自强，按时纳税，还贡献了生育价值，请赞美我，体恤我，甚至补贴我，别以为我是应该的。

都说文人相轻，女人之间容易互相攀比妒忌。我们之间真的没有，都懂彼此的不容易，也都盼着对方好，并且都指望对方早点挣到八位数可以包养自己，从此当个只会蹦迪开黑的傻女。

为什么放着好好的女作家不当非要当个傻女？问得漂亮！

你当个女作家，要么上个作家财富榜，要么上个畅销书排行榜，两个你总得上一个吧！做人怎么可以这么没追求？

好，你上了，你火了，媒体采访纷至沓来。采访所谓"成功女性"的万能老梗：说说你如何平衡好你的事业与家庭？问艾明雅她估计是要翻一个白眼的。问我，我只能回答我目前没有家庭。

那么下一个问题又来了：你是如何看待大龄剩女的？

看见了吗？你已经连滚带爬奋斗数年才勉强爬上了"成功女性"的宝座，你依然要被这些莫名其妙的人挑三拣四，为这些莫名其妙的事添堵怄气。这就是我们中国女人所面对的共同现状。

想做一个没有槽点的女人，到底有多难！

你老老实实读书工作，按部就班结婚生小孩。工资水平高于你所在城市的平均工资，颜值高于平均颜值，小孩3岁，健健康康，刚上幼儿园。

突然有一天，你吃着火锅唱着歌时，你老公咣当一下出轨了。你的社会评价就会出现如下三个版本：

女人不狠，地位不稳！谁叫你自己不会赚钱又不懂控制家庭财政大权的？难怪你老公要出轨！

你一个普普通通的平庸女人，结婚这么多年也不知道捯饬自己，就知道一心扑在孩子身上！男人早就没有新鲜感了，好吗？难怪你老公要出轨！

好看的皮囊千篇一律，有趣的灵魂万里挑一！你看你的生活多么平淡无聊！跟你在一起太闷了！外面的小丫头们多有意思多会玩啊！难怪你老公要出轨！

如果你是一个一心做事业、年收入是你老公20倍的女强人。一人肩负起养两个孩子、两个保姆、四个老人，在经济上肩负照顾全家的重任，这时候你老公出轨了。

恭喜，你的槽点会比上面那位少一些，目测只有一条：

女强人哪里有婚姻幸福的？哪个男人真的可以接受老婆全方面碾轧自己？出去找补找补不是挺正常的吗？

我们尝试着把性别对调一下，如果一个勤勤恳恳工作，各项水平均高出平均值的男人，他老婆出了轨会有什么样的社会评价？不需要凭空瞎猜，看看马蓉的结局就知道！

所以姐妹们，你们搞清楚自己所处的环境了吗？

咱们敢平庸吗？敢出色吗？敢出轨吗？

不敢不敢都不敢！走哪条路都是死胡同，你发现了吗？！

最难的选择并不是一个对的一个错的，你要选出来一个；而是，哪条路都是错的！你还必须选一条你最能承担后果的，硬着头皮走下去！

这才是最难的！！

但是，你依然还剩一条康庄大道可以走。那就是不去追求做一个没有槽点的女人，不要活在别人的评价体系里！

我压根不玩你定制的土鳖破烂游戏，所以你根本没办法给我打分，没办法给我评级！

相信我，没有哪个女人可以真正兼顾家庭和事业，内心还是丰盈快乐、不委屈不将就的。

不要听那些"虚伪的人生赢家"教你怎么做人怎么赢，你目光所及的每一个成功女性，都忍受了你无法忍受的，接受了你无法接受的。

她们抹干眼泪，吞下委屈，打落牙齿和血吞，拍拍膝盖上的尘土和血渍，假装一切都没有发生过。在镜头前巧笑倩兮故作轻松地跟你说："平衡事业与家庭是每一个女人都可以做到的事，你只需要……"

这时候你千万不要灰心丧气，觉得自己是全小区最 low、最没用的傻女。主任跟你拍胸保证，这满口假话的女人真的在骗你。

所以说，你要快乐，你要不被社会评价所绑架，最关键的一点就是要跳出这个荒谬滑稽的评价体系，简而言之就是"老娘不跟你们玩了，爱咋地咋地"。

讲真，我前段时间也很焦虑。但自从我把 30 岁前结婚生子的计划取消掉之后，整个人都轻松多了。

什么结婚生子，这比公司上市还困难的事儿，还是随缘吧。

第二章
真正厉害的人从来不抱怨资源不够

听说你想创业又没本钱

前几天，主任熟悉的化妆师小白半夜三更在微信上喊我，张嘴第一句话就是："主任，我想出来创业，但是刚刚买了房子没有本钱，怎么办？"

通常这种留言我都是不回复的，这就相当于"我想娶个白富美，但我是矮穷矬怎么办？""我想当超模，但是管不住嘴巴一天吃 8 顿怎么破？"

没本钱又想创业的难度就跟我刚刚举的这两个例子差不多，当然你可以拿马云爸爸的例子反驳我，但是世界上还有第二个马云吗？对大多数创业者来说，资金真的是最重要的。

没有本金不要说租个门面、请个员工了，你连网店都开不起，你知道吗？

你以为开个淘宝店一本万利啊？首先你要有钱进货啊！然后你要租仓库啊！再不济你也要买台电脑当办公设备啊……

3年前我辞职创业的时候，只有23岁，是的，你没看错，我只有23岁。那个时候我觉得项目和能力最重要，其他都好解决。现在你再问我什么最重要，我会告诉你资金链最重要。

资金链永远比利润重要，比项目重要，比能力重要。巧妇难为无米之炊，一文钱难倒英雄好汉不是没有道理的！

关键时刻拉你一把的没别的，真的就是你银行卡里的余额。

让你熬过经济萧条、资本寒冬的，真的不是你的才华、你的人脉，就是你的本钱。你的才华跟人脉变现都是需要周期的，这个周期可长可短，并且你也没有你自己认为的那么有才华有面子。

当你弹尽粮绝的时候，说什么也没用，这就是一个屌丝创业者的悲哀。

如果我今天说了这么多只是在说"没钱你就别创业"，那我真是对不起半夜11点还在看文章的你。主任今天要聊的是："没本钱到底要怎么创业？"

1992年生的小白是我做模特的时候合作过的化妆师，他来武汉没多少年，已经打拼到了一套小房子，目前在还贷款。他的本职工作是"河狸家"的签约化妆师，偶尔也接接新娘装、杂志封面妆之类的活儿。

对于这种勤劳上进的年轻人，我一直是不吝帮忙的。

小白跟我说，他对现在的收入不太满意，并且觉得现在做的事看不到前途，想要自己开个实体店，但是手里没有资金，连交房租都困难。

我问他：开实体店干吗？

他说，想要开个造型工作室，一方面帮客人化妆，一方面教学、带学生。这样就有两笔收入了，而且自己赚的是利润，给别人打工赚的是提成。

这个思路很正确，毕竟我当年辞职的导火索就是因为我辛辛苦苦签了500万的合同，客户打了100万元的款，结果我的前东家发给我的提成是6800元，你敢信？这一单如果是我自己公司卖出去的，我可以赚到税后15万元。

6800元跟15万元差得真是太悬殊了，所以我辞职不是为了追求什么梦想，仅仅是为了让我的收入对得起我的付出。否则，我认为这是对我辛苦工作的一种侮辱。

金钱是这个世界给你的掌声，不要拒绝它。

想靠自己的双手赚到更多的钱是件好事，那么没有本钱怎么开店呢？

我给小白三条锦囊，小白听完后对我说："主任，真的是听君一席话，胜读十年书。你今天给我的三个建议至少给我节省了10万块的创业基金，等我店子开起来了，你这辈子都是超级VIP！"

第一：不要一个人开店，可以找个美甲师、一个种睫毛的技师你们三个人一起开。首先你们三个人的自有客户本来就是高度重叠的，其次三个人可以更好地分摊风险。

例如你自己开店，你的经营范围就是化妆跟教学，哪儿来这么多人天天找你化妆呢？但是做指甲跟种睫毛就不一样，很多人每个月都要做两次，那么她们就变成了固定上门的客户。

你再推销你的化妆和彩妆课是不是效果更好呢？其次，你们也可以捆绑销售，比你单独推 10 次化妆的卡要好推广得多，这就引出了第二个锦囊：店内所有项目都可以打通。

缺乏资金最好的办法就是诱导客户办卡，相当于你提前收回了成本，缓解了资金压力。比方，你让我办 3000 块钱化 30 次妆的卡，我绝对不会办。

因为我一年到头也没有 30 个重要场合需要找化妆师化妆，那么这 3000 块我干啥不好非要提前预支给你呢？万一你生意不好跑路了呢？可是如果你 3000 块的卡不仅可以化妆，还可以种睫毛跟做指甲，最好还是不记名的。

我跟我闺密都可以来做，那我办卡的可能性就会大大增加。如果办卡的折扣能打到单次消费的 8 折，那么我一定会办卡。所以一定要利用组合产品的优势留住客户，以及客户手里的钱。

这是第二条锦囊。

如果你真的穷到连租门面的钱都没有，店子都开不起来的话，我这里还有最重要的第三条锦囊，这个是我跟给我的小笨笨贴膜的谢老板学的。

前段时间我把车贴了个灰色镜面的钨钢膜，谢老板是一个贴了五台车的朋友介绍给我的汽车贴膜师傅。我的车贴完膜之后，正逢双十一。谢老板就在朋友圈里发了个双十一优惠酬宾活动。

大概是双十一当天打 1000 元给他，可以当成 2000 元用，不限期限，不限款式，相当于打了一个定金。这让很多一直在观望、在纠结的客户都动了心。那么他双十一当天收到了多少定金呢？大概 4 万块。

也就是说，他这一天做成了 40 笔生意，未来两个月都有得忙了。4 万块的定金也能支撑几个月的门面租金和人员工资了。

我给小白讲了这个故事，他立刻就明白我的用意了。第二天我就看到他在朋友圈里预售美妆卡，1000 元当 2000 元使用，效果也很好，很快就把前 3 个月的租金筹到了。

所以说，没钱真的不能创业吗？那倒未必，最重要的还是得有一技之长，能吃苦，能为自己的未来承担风险。希望我今天写的，能给想要创业的你一些启发。

我是公主，没有公主病

"作"的最高境界是像公主一样对待自己，像骑士一般对待生活。

"那女孩真够可以的，一个星期换了三次头发颜色！""××的女朋友简直有病！一个月跟他闹 8 次分手，真分了又开始各种求和好！""我女朋友跟我家里人一起吃火锅，衣服上滴了一滴油，非要回家换一件，所以我果断把她变前女友了！"

以前，我听到以上这种种行为，只会用一个字来概括就是——作。"作"是很多男人用来形容女人的一个字眼，也是人们常常把一个女孩定义为有公主病的主要论据。

我身边不乏这种特别能作的女孩儿，同性孤立她，异性讨厌她，她还毫无自知之明，整天一副目中无人、以公主自居的傲慢嘴脸。

但是自从我认识了琳达，从此对"作"改变了印象，因为她实在太会"作"了，如果把"作"比作一把尺，它拥有一个精确的尺度。过了这个界，你就是目中无人，有自以为是的公主病。踩线不过界，你就是自信自足，优雅迷人，对自我有约束、对生活有要求的真公主。

这就是为什么同样是作，为什么有些人作得令人生厌，有些人却作得令人神往。

有一次，我和琳达一块儿去内蒙古旅行，晚上就住在呼伦贝尔大草原上的蒙古包里。跟芳草碧连天的草原美景相比，那个蒙古包的住宿环境就显得非常破旧不堪。

说实话我从来没有住过这么差的房间，一进门就有一股霉味扑面而来，卫生间像80年代香港老电影里的小旅馆那么昏暗狭窄，床单被套就像从没洗过一样。另外，房间里没有酒店该有的任何设施，连盒餐巾纸都没有！

于是我整个人都不好了，提着行李箱准备拉着琳达回市区住。可当时已经很晚了，回市区的车早就停运了，草原上又叫不到车过来接我们，无奈只有凑合一晚上。

我本以为平常比我更讲究、更像小公主的琳达反应会更大，没想到这姑娘开始做起清洁来了。她用自带的酒精棉片把床头柜和水龙头这种我们需要接触的地方全部擦了个遍。卫生间里连面镜子都没有，她就对着粉饼盒里自带的小镜子仔仔细细地把妆卸了，开始敷面膜。

看她那副悠然淡定的样子，简直跟在家里没区别。要知道这位小姐平常可是出了名的能"作"：旅行只住五星级酒店，吃个饭要讲究上菜顺序，到哪里都带着保温杯，里面放着桂圆、红枣、枸杞，坚决不喝冰水。没想到在这种恶劣的环境下她竟然表现得如此若无其事，随遇而安。

我嫌床太脏了准备在椅子上坐一晚上，没想到她拿出了一套崭新的打底衫、打底裤给我，让我再把袜子穿上就可以让全身皮肤都跟床上用品隔离开，踏踏实实地睡一觉了。这个时候，我简直感动得要哭了。

回想前一天我还在嘲笑她去趟内蒙古跟出国似的，带那么大的箱子干吗？我本来拎着登机箱下飞机可以直接走的，却还不得不等她托运的行李。现在看来，要不是她带齐了我们可能用得上的所有东西，也许我们真的要在凳子上坐一晚上了！更别说那儿还只有一张凳子！

再说了，她带那么多东西让我帮她整理行李了吗？箱子那么大，让我帮她推了吗？并没有啊！我又有什么资格一边享受着她带来的便利一边嘲笑她作呢？

后来我常常在想，"作"的尺度在哪里，大概就是在对自己有约束、对他人有宽容、对局面有掌控、对未来留余地的前提下树立最高的标准，给自己最好的。

因为工作中的琳达也是这样。

她是一个广告公司的部门经理，也是他们公司第一个也是唯一一个 30 岁以下的部门经理。她还是个实习生的时候，主要工作就是做合同。别人不过就是照着公司的标准合同模板随便改一下完事，而她常常写到夜里两三点。

她要求自己经手的合同里"的地得"三个字不能用错，不能有任何标点符号上的错误，错别字什么的那就更不用说了，即使没有人这么要求过她，直属领导也未见得体察到她的这份用心。我曾问过她，干吗要那么较真。

琳达回答说："别人可以敷衍你，但你永远不要敷衍自己。对自己有要求的女人才有未来。无论别人对我们要求高不高，自己把标准定高点准没错！"我当时笑着回她："这是不是作的最高境界？"

就这样，她凭借着这份细致勤勉当上了最年轻的部门经理，掌管着十几号人。正好我学妹是她手底下带的实习生，有一次我笑问她，琳达姐对你们凶吗？严厉吗？是不是很作？

小学妹回答："我从没见过她发脾气，但就是有种不怒自威的气场，所以我们下面做事的人自然也不敢掉以轻心。"

"有一次，我把一个非常重要的合同寄错了，原以为琳达姐会大发雷霆地辞退我，没想到她只是把我叫到办公室平静地告诉我把两个客户的合同寄反了，公司的形象会受到多大影响，看到我们给别家客户更优惠的价格，销售人员苦心经营的客户关系有可能就此毁于一旦。

"然后她亲自跟销售总监那边解释善后去了，据说陪客户喝到大半夜才把这事扛下来。而我今天可以转正，都是因为琳达姐上次给了我机会。从那天起，哪怕是打印一份文件我都会特别小心，我永远都忘不了她那天对我说的话。"

我一直认为，"作"的最高境界是像公主一样对待自己，像骑士一般对待生活。你想要有公主的生活并没有任何问题，前提是这不应该成为他人的负担。公主的皇冠意味着荣耀，骑士精神意味着对他人的责任。

像琳达这样努力工作，自己挣钱买花戴的公主，凭什么就不能出行住五星级酒店、上菜挑顺序呢？做公主也要有资本，而她早早地就具备了这样的资本。"作"也分高级和低级，对自己有要求，对他人有宽容就是高级，反之苛待他人放纵自己就显得低级。

"作"得漂亮也是一种本事，一种能力，一种底气。

"作"一定有一把尺，尺上有着明确的刻度。多一分则矫情，少一分则粗糙。真正的公主永远都是作得不多不少刚刚好。

多了少了都是"公主病"，真公主不会让你觉得矫情，不会让你感到不舒服。无论她多么作，多么"事儿事儿"的，都有一种气场、一种光环让你觉得：这很合理，她这样的女人就该过这样的生活。

你是真公主还是有公主病，不取决于你有多么作，也不取决于你是否拥有中世纪公主一般高贵的出身和修长的脖颈。它仅仅取决于你是否担得起骑士一般的责任，是否可以负担公主一般的人生。

　　你是公主，就要用实力为自己加冕。

　　看不见的王冠，始终在内心闪耀。

越弱你就越迷茫

　　每天收到几十条留言咨询，你们知道我最害怕哪种开场白吗？那就是："主任，我特别迷茫，你可以帮我参谋一下吗？"

　　讲真，看到迷茫这两个字我就够了，我根本不想看到你下面800个字写的是什么内容。只想180°翻个全景天窗的白眼说："你以为我就不迷茫吗？谁的青春不迷茫？"

　　青春期过完了，就是完成学业初入社会的焦虑，经过十多年的不懈攀爬也没跻身精英阶层，就迎来了中年危机，过不了多久就开始退休抑郁。人这一生，有谁不是与迷茫相伴，摸着石头过河呢？

　　特别是我们这些比较作的女人，那必定是产前也抑郁，产后也抑郁的。不结婚后悔，结了婚更后悔。做丁克不够意志坚强，生孩子也下不了决心。要我们在家庭和事业里挑一个，那真是要了我们的亲命。

我们够优秀，我们够贪心。我们想把每一件事都做到极致，明知不可能而为之。所以你不焦虑谁焦虑？

迷茫很正常，焦虑是日常，关键是迷茫和焦虑要控制在一个合理范围内。它们可以是一闪而过的情绪，不能是贯穿始终的状态。

所以迷茫可以克服吗？当然可以，关键就在于你要有一个笃定的内核。就像冯唐公众号里每篇文章的结尾都是同一句话："每一个牛叉的人都有一个笃定的核。"

以前我不理解，慢慢的，才觉出个中道理。

有个朋友昨天跟我吐槽一大堆，大概意思就是她最近换工作了。在一个薪水很高但发展有限的工作和一个薪水普通但前途光明的工作里选择了后者。问我她的选择是不是正确的，为什么？

其实我觉得很好笑，重点不在于她问的问题，而在于她已经选择了。也就是说，她已经入职了，还来问我这个决定对不对。如果我说不对，她有可能立刻辞职去做另一份工作吗？

不可能的，一个人如果拥有这么强的执行能力是不会如此没主见的。你需要别人的肯定，是因为你对自己的判断信心不足。你需要别人分析给你听，是因为你本身逻辑是混乱的。

做了一个决定，自己却搞不清为什么要做这个决定，说不出123。

所以才需要去求证，期待收到肯定以获取信心。

这都不重要，重要的在于：你已经决定了，所以哪个选择更好已经与你无关了，这并不是你此时此刻需要考虑的事。

我只跟她回复了一句："无论对不对，重点是你已经做出了选择。"

跟着马云打天下的第一批员工里有一个女孩，后来成了阿里巴巴的副总。本来在总部的人力资源部叱咤风云，一人之下万人之上。后来马云要搞蚂蚁金服手里没人，思前想后把她调去当负责人。

当时阿里巴巴所有人都觉得这绝对是一次"被包装成调职的贬职。"并纷纷猜测这个女孩一定会拒绝这份看不到前途自己又不了解的工作。没想到，她欣然接受，并且全力以赴去做了。

随着蚂蚁金服的爆炸式成长，她的个人资产也得到了一个质的飞跃。

我始终记得在一个采访中，她说过这样一句话："我从来不去质疑马云的决定是否正确，因为我的工作就是把他的决定变得正确。"

你说，一个拥有这种心智的员工，怎么可能做不成事情？老板怎么可能浪费这种人才去做一件没有前途的工作呢？

不断磨练心智，是每一个成年人都应该去做的事，没人能百分百确定自己的决策是正确的，这个世界上也不存在完全正确的决定。

我们可以做的，只是把一个既成事实的决策变得正确。

所以有一种女人，嫁给谁都幸福。有一种员工，去哪个岗位都能做好。有一种人，去哪里旅行都能玩开心。这无关你做出哪种选择，而在于你能否静下心沉住气去接受目前的现实，去积极面对这个你亲自打钩的选择。

　　越弱，你就越迷茫，选哪种都后悔，一生活在纠结跟焦虑中。

　　我们总在强调内心强大？可曾想过所谓内心强大到底是什么吗？并不是咄咄逼人的语气，也不是强势孤高的姿态，而是简简单单的两个字：接受。

　　接受自己的选择，不抱怨，不踌躇，不纠结，不后悔。

　　相信自己有绝处逢生的本事，相信撞到南墙大不了就是把它撞破了再跨过去，相信人生不怕从头再来，相信自己值得最好的爱。

　　我们不弱，我们不迷茫。

你遇到的白富美，都是冒牌货

白，富，美。

老实说，当你看到这三个字是什么感觉？

觉得这就是你本人的代名词，还是一脸不屑地翻白眼？

我想大家对"白富美"这个词是存在误解的，并且很有可能，你遇到的白富美都是假的。

何为白富美？万里挑一才算吧。我在知乎上看到过一个调查数据：白富美们集中性地生活在全国东南沿海地区以及各个省会城市中。其具体数量分布，可见下表：

国内城市	人数	国内城市	白富美比例（%）
北京市	3506	厦门市	1.5
上海市	3216	昆明市	1.1
深圳市	2441	乌鲁木齐市	1.1
广州市	1764	石狮市	1.1
郑州市	1540	银川市	1.0
厦门市	1289	瑞丽市	1.0
中国香港	1244	郑州市	0.9
杭州市	1123	北京市	0.9
武汉市	1118	深圳市	0.8
长沙市	879	贵阳市	0.8

从人数上看，毫无悬念，北上广占据了前四名。

数量只是一方面。我们必须清醒地认识到，从白富美的产生概率来看，大城市的白富美指标竞争比小城市更为激烈。上海1000名适龄女性中仅有0.8个白富美。但比起"万中无一"的标准来，其实已经高出不少，竞争压力也不算小。

那么，要成为这样的白富美，需达到怎样的消费水平呢？简单统计一下数据库即可得知：

要成为一个"万中无一"的白富美的话，需要月刷卡消费频率10次以上，且月消费金额达到6万元人民币以上。

在达到这个水平时，你就打败了魔都99.92%的同龄女性，共计408.9万人，同时也打败了全国99.98%的同龄女性，共计2.29亿人。

看完之后啥感觉？有没有倒吸一口凉气？一天到晚在星巴克拍照，在迪士尼定位，看个薛之谦演唱会还要发10条小视频的"朋友圈白富美们"，请问你们一年的购物花费超过6万块了吗？

我今天就是来搞事情的，因为我看不惯这世道下，做白富美的门槛也太低了！即使一个月6万的标准太过严苛，也请那些收入不过万（无论你在哪个城市）的姑娘们自行把自己清除出白富美的队伍好吗？

我看着都累。

作为一枚屌丝创业者，我自己也没有达到平均月开销6万的水平，所以我不装，因为我见过真白富美长啥样，这真的不是普通姑娘买个名牌包、去国际五星级酒店喝个下午茶、拍张照发个朋友圈就能装得出来的。

我有一个同行，也是做进口葡萄酒的。30岁左右，齐耳短发，烟视媚行，身材高调匀称，婚姻状况不详。你看她朋友圈，绝对猜不出她的职业——其中有葡萄酒鉴赏的部分，也有艺术品收藏的部分，还有冲浪滑雪跟击剑。

她从来不穿一眼就能看出品牌的衣服，说实话我也很少能从她朋友圈po出来的照片分辨出她常用的品牌，除了一块巧克力块般精致的积家腕表。

过了很久才知道，她做这行纯粹是基于个人爱好，她的家族和世交们就是她最大的客户。动不动就在波尔多待半年，不是为了讨到一点可怜的名庄酒份额，而是为了考察酒庄，准备自己买一座。

她话很少，但是很有礼貌。偶尔给她留言，她都会亲切又礼貌地回复，让人觉得很有涵养又有着不远不近的距离感跟分寸感。

主任在知乎上看到过一个关于"你心中的白富美长什么样"的回答，我觉得这个答案最符合我内心的标准。

曾认识一个女生，应该算得上是白富美，就用D来称呼她吧。背景：D爸是我们这行的大牛，前几年行情好的时候年收入八位数应该是有的；D妈和D爸是同学，现在任职某政府部门领导。

我之前在国外的时候，机缘巧合给D一家做了一周的导游。接待之前我很紧张，因为毕竟D一家都是行业大前辈，我当时作为一个还没入职的小菜鸟，说起话来自然是有点压力的。但真正接触以后，才发现完全不是这么回事。

D爸身为行业大牛，专业知识无比扎实，对我始终客客气气，还告诉了我不少行业经验和应当注意的地方，让我至今受益匪浅；D妈优雅温婉，始终对我照顾有加。

当然，我知道大家想听D是怎么样一个人。

她是一个很温柔，笑起来很好看的女生。这是我对她的第一印象。

她说话举止非常有礼貌，是一个非常会打扮的女生，身上从来都是那种随性的搭配，具体的我也说不出来，但是就会让人觉得很潇洒，很舒服。

当然，我后来才知道，这和她穿的衣服的品牌、裁剪还有价格是分不开的。没有一个女生能抵抗名牌包，她自然也有各种各样数都数不过来的包。但是很让人惊奇的是，她背这些名牌包，从来不会让我有一种看不顺眼的违和感，反而是觉得理应如此。

她会去 Chrome Hearts 挑饰品，也会去 American Apparel 的工厂店里淘自己喜欢的货。

她也很爱拍照，也很爱发自拍，但她发的基本上都是各种景色的照片。偶尔有本人出镜，也是作为景色里一个恰到好处的组成部分，从不喧宾夺主，从不会让人把目光"自然"地聚集在照片里的包、首饰、手表上。

因为她全世界到处乱跑，我也会经常跟她要她拍的风景照。巴黎应该是她出没最多的地方了，她隔一段时间就会出现在巴黎。

尽管从高中起一直就在英国念书，但她也是一个很爱国也很传统的女生。她打算硕士毕业环游世界之后就回国。

她是权志龙的脑残粉，之前 Bigbang 在上海开演唱会的时候，她买了 3 张内场 VIP 票送给她的小伙伴陪她一起去看。

她也是一个普通的宅女，每天缩在家里写论文，看《奇葩说》

和《爸爸去哪儿》。

她喜欢看一些关于宇宙、科幻的书，最近才买了一本《三体》英文本在那里啃。她一直单身，偶尔会向我抱怨家里人整天要帮她找什么世家子弟，然而她觉得很蠢。

她从来没有刻意去学习什么马术、茶道、插花、高尔夫等才艺或爱好，喜欢的话就学一学，不喜欢的就放在一边了。

她并没有什么白富美的气场，走在路上就只是一个乖巧的小女生。当然，她也能满足大家对于白富美的各种幻想，比如住酒店从来只住风景最好（贵）的，买喜欢的东西不看标签，家里房子很大，车很豪华，信用卡随便刷，等等。

但对我来说，她更像是一个很可爱、很有品位的好朋友。

她是白富美，只不过这些都被她优秀的品格、良好的家教所覆盖了。

能坚持看到这里还不吐槽的，我相信你的个人修养和格局已经够得上白富美的标准了，经济实力上咱们再努力一把，成为万里挑一的白富美指日可待！

白富美并不都是投胎小能手这样的先天白富美，自己就是豪门的后天白富美更值得敬佩！

她们有源源不断的自己创造财富的能力，一砖一瓦构建理想人生。这样的女人就算从小没有受过贵族教育的熏陶，没有在物质条件丰厚的家庭中长大，依然会宠辱不惊，气质爆表。

真的白富美，不见得是满身名牌，张扬浮夸。反之，那些年轻漂亮、穿金戴银的女人也不见得是真白富美。

有一类女孩是这样的：她若有100万，会用其中50万买辆车，10万买块表，还剩40万买一年四季需要用的包包、鞋子和配饰。走到哪里都是一片"哇！白富美"的惊叹声。

可她一分钱存款也没有，住在租来的房子里，睡的是上一个租客不要的席梦思床垫。她工资不低，但是消费很高，因为要维持白富美的日常生活。

每月工资一到账全还信用卡还不够，必须拆东墙补西墙，好几张卡倒来倒去，才能拯救她的财政危机，好几次险些上了征信黑名单。

她开好车，用名牌，妆容精致，笑容自信，Manolo的鞋跟踏在地板上，发出的都是金钱的声音。

她出门在外是万人崇拜的白富美，回到家中是粗制滥造的女屌丝。你觉得这样的女孩儿算是白富美吗？在买不起名牌的人眼里，她或许算，可是你若见过一些世面便不难看出：这样的生活，她维持得太吃力了。

还有一种女孩，在月薪3000元的时候，就懂得每月拿出500块存入理财账户滚复利，到她月薪3万的时候，这些年理财所得都够她买奢侈品了，根本不需要削尖脑壳跟信用卡中心斗智斗勇。

她若有 100 万，必定先投资固定资产。买不起好地段大房子，就先买个三环外地铁口的小公寓，升值后卖掉再买个市中心的公寓，再升值卖掉再买市中心的豪宅。

我有个朋友就是这样买到武汉市中心豪宅的，她前前后后卖了三次房子才折腾到靠工资根本买不起的豪宅。而她只比我大两岁，1988 年生的，讲真，我很少佩服同龄人，但是特别佩服她。

29 岁拥有一个写着自己名字的千万豪宅，这不比背什么名牌包都拉风？

要我说，房子还是包包都是次要的，真正的白富美更愿意把钱花在无形的事物上，也就是不添置任何实物的消费。

她们坐头等舱去伦敦喂鸽子，不发定位不拍照。年年去维也纳看新年音乐会，不直播不炫耀。

她们把钱花在培养兴趣和提高专业技能上，例如上小语种一对一的课程，请知名画家到家里辅导她画画。

这些没有实物的消费，只要她自己不说，没人会知道。愿意把钱花在无形的事物上，愿意并且有实力为培养自己的气质、谈吐、见识和能力买单，才算我眼里的真白富美。

比起化妆，她们更在意护肤。比起外套，她们更重视内衣。她们不再追求红底鞋和香奈儿包，穿着新百伦，背着 Longchamp 走在人群里依然昂首挺胸，优雅自信。

如果说，贵气是欲望被满足后的倦怠感，那么白富美的气质就是：我内心丰盛，并不需要靠堆砌名牌来虚张声势，彰显身份。

我更注重精神层面的高品质的生活，只是为了取悦自己，没必要让所有人知道。

同样我也信奉这句："何为白富美？洁身自好为白，经济独立为富，内外兼修为美。"即使没有得天独厚的条件，我们依然可以通过后天努力修炼成更好的自己。

其实是不是白富美并不重要，重要的是我们永远都要去拥抱那个更好的自己。

P出来的终不是真实的生活状态

之前看过一个研究，给我留下印象深刻，说的是为什么我们常常会觉得别人拍照比我们照镜子看到的要难看，甚至会让我们看到陌生。

真实原因在于人的脸本来就是轻微不对称的，但是我们照镜子的时候会本能地去美化自己，弱化这种不对称，所以镜子里的自己会比真实的自己好看一些。

正因如此，市场抓住了这个"大众痛点"，一堆美图软件和自拍神器应运而生。为什么那么多女孩儿都喜欢P图，因为那个世界比镜子里的自己更完美。你可以瞬间祛除黑眼圈、痘痘，美化肌肤，拉长小腿。

久而久之，我们会觉得，那才是"真实的自己"，我们比镜子里的自己更完美。所以我闺密常说手机里可以什么软件都不装，美图秀秀则是必需品。

我身边就有一个非常善于P图的女孩，拍一张照片可以用5个软件修上半个小时，她放在朋友圈上的照片，张张堪比Angelababy新电影宣传海报，绝对不会出现什么拉长腿结果把地P歪了或者修脸形的时候把耳环P变形了的这种低级错误。

用她自己的话来讲，就是："我发在朋友圈上的照片代表了我的尊严！怎么可以有一丝一毫的瑕疵呢！"

但是她本人也许会因为疏于保养，皮肤非常粗糙，毛孔都挂不住粉底液。懒得打理的"奶奶灰"乱蓬蓬地堆在脑袋上，像一堆干枯的稻草。由于太过精通PS之道，她早就放弃了减肥，反正120斤也能P成90斤，干吗费那个劲跑步呢？

减肥变美不就是为了找到人生的存在感吗？现在不减肥朋友圈也能给你这种快感呀，所以她会沉醉在每次发照片就有一大票男屌丝惊呼"女神！女神！"的美梦中，完全忽视了现实生活里每次约会都没有下文的惨状。

她宁愿花上40分钟P照片，也不愿意敷个面膜、踩踩椭圆机身体力行地改变一下自己。

这着实让人费解，但是这样的女孩又何止她一个？

PS可以祛除你的黑眼圈和痘痘，但是无法纠正你习惯性拖延症的恶习；可以美化你的身体曲线，修饰腰部赘肉和粗腿，但是它无法改善你糟糕的作息，使你拥有真正光洁的肌肤和精实的身材。

对别人诚实并不难，难的是对自己诚实。

我的偶像张国荣先生在演唱会上曾说过："除了学会爱别人之外，一个人最重要的就是学会接受自己，欣赏自己。"我想，他强调的应该是：欣赏真实的自己。

但这一切的前提应该是，真实的那个自己值得你去欣赏，否则就成了孤芳自赏最心痛了。

我之前带过一个实习生，英文名叫 Jolin，因为她非常崇拜蔡依林，常常模仿偶像的穿衣打扮，还有说话腔调，她甚至可以不分场合、时间、对象，随时能整一个"翻版蔡依林"出来。

虽然公司并没有严格要求服装，但是她每天都穿得像开演唱会一样。开会的时候别的实习生都在聚精会神地做笔记，她却在专心致志地逛淘宝 P 照片。快下班的时候其他人都在紧张地处理工作，只有她不紧不慢地化着妆。

她实习期结束的时候拿着我给她写的实习鉴定哭着来找我，说我针对她，要求修改对她的评语。

我说："你喜欢的蔡依林，是一个非常严谨刻苦的处女座，任何事都要求自己尽善尽美。你呢？哪一次交给我的 PPT 是没有错别字的？"

"蔡依林她说自己不是天才，只有努力做个'地才'。"

"作为一个歌手，她出过英文书，还出过做蛋糕的书，甚至在演唱会上表演过体操运动员难度的舞蹈动作。而你呢？你只在意表面上的自己是否好看，有在工作上下过任何苦功吗？有为公司做出任何贡献吗？"

"你说你喜欢蔡依林，想要成为她那样璀璨的人。除了在外形上模仿她，你有学到过你偶像的精髓吗？她那么拼才有了今天，你爸妈把你送过来实习你都留不下来！"

"照片不美可以PS，但是你的人生是一面真实的镜子，它会瞬间将懒惰无知的你打回原形。"

我不知道20岁的Jolin是否明白我的一片苦心，因为我们都是从那个浅薄无知的状态一路走过来的。

以为朋友圈里的照片有多美，镜子里的自己就有多美。以为你矫饰出的生活状态就是你真实生活的常态。虚荣又年轻的小女孩不仅仅是活在PS的世界里，甚至活在靠PS构建出的幻象里。

说实话，我也会P照片，也会晒幸福渴望得到点赞，但是我会坦然面对真实的自己、真实的生活。

就算朋友圈有人留言说：你照片P得太过了！我也不再激烈地抗辩，而是温和地说："是啊，已经不是小姑娘那种水灵的皮肤了。再怎么好好保养，也离不开一键美颜呢！"

但是再晚回家，我也会仔细卸妆耐心保养；再忙也会按时健身，勤做有氧运动；工作再饱和，也要抽出时间学习新知识，不断给自己充电。

承认生活需要一点"滤镜"，同时也要明白自己的短板在哪里，不断地去精进自己、修炼自己，让真实的自己更接近镜子里被视觉美化过的自己。

随着年岁渐长，你会发现：过度追求完美其实是另一种残缺，热爱晒幸福实际上是变相地表达自己缺爱。

喜欢装只是透露自卑的另一种形式。接受自己的不完美，坦诚面对生活里的瑕疵和挫败才是一切美好的开始。

当你对自己足够诚实，生活才会对你坦荡。敢于承认自己的弱点和缺失，敢于展示自己的脆弱和伤口，才是一个女人内心真正强大的开始。

很久以前，我无意中听到一首来自蔡依林的歌。歌词曲调始终都是淡淡的、静静的。没有高潮，无意煽情，我却听得泪流满面。这首歌始终没有大红大紫过，它却是我心目中 Jolin 最经典的一首歌，歌的名字叫《我》。

当褪去光鲜外表 当我卸下睫毛膏

脱掉高跟鞋的脚 是否还能站得高

当一天掌声变少 可还有人对我笑

停下歌声和舞蹈 我是否重要

我镜子里的她 好陌生的脸颊

哪个我是真的哪个是假

我用别人的爱 定义存在怕生命空白

却忘了该不该 让梦掩盖当年那女孩

假如你看见我 这样的我胆怯又软弱

会闪躲还是说 你更爱我

当一天舞台变小 还有谁把我看到

莫非是我不够好 谁会来拥抱

我镜子里的她 好陌生的脸颊

哪个我是真的哪个是假

我用别人的爱 定义存在怕生命空白

却忘了该不该 让梦掩盖当年那女孩

假如你看见我 这样的我胆怯又软弱

会闪躲还是说 你更爱我

我怕没有人爱 不算存在生命剩空白

却忘了我应该 诚实对待当年那女孩

假如你看见我 这样的我躲在个角落

会闪躲 还是说 你更爱我

　　希望我们都能面对真实的自己,诚实对待当年的那个小女孩。也希望有个人爱着真实的你,那个不完美的你,倔强的你,常常口是心非的你,保护着你内心的小女孩。

死于 30 岁的"老"女人

前两天闺密面如死灰地问我:"你看我是不是变老了?"她嘟着嘴巴继续嘟哝道:"我昨天在地铁里给一个七八岁的小男孩让座,他竟然大声说了一句:'谢谢阿姨!'于是我整个人都不好了!你说,我看上去真像阿姨吗?"

今年是闺密颇为不顺的一年,她先后经历了股灾、分手、失业的连环打击,天性乐观的她从未愁容满面过,没想到如今竟然会为了一声阿姨惶恐不已,坐立不安。

敢问中国女人最怕的是什么?

毫无疑问是怕老!

这让我想起前两天听过的一个故事。在某大学门口,一个女生哭着对男朋友说:"你再跟那个 1992 年的老女人来往,我就和你分手!"一句老女人应该是对一个女人最狠毒的称呼了吧,1992 年已经是老女人了,那么 1990 年的我,是不是该回家照照镜子，看看自己是否早已变成"活化石"了。

说到衰老，所有人都不可免俗地会跟缺乏魅力、失去爱情、放弃梦想挂钩。仿佛过了 30 岁的女人就再没资格追求诗和远方了，女人生而为人的意义到 30 岁那天就全部结束了。

男人把年轻漂亮当作给一个女人"评分"的首要条件，甚至连女人都会不断地告诉你，你太胖了，你不够白，你老了，再不找对象就没人要了，难道一个女人的存在仅仅是为了嫁一个好男人？谁规定青春貌美只属于 20 岁的女人？

好多女人 30 岁就死了，只是 80 岁才埋。

从古至今，女人的价值被迫和年龄捆绑在一起，是由于物化女性的男权社会所造成的。太多女性迷失在男性挑剔的目光里，而遗忘了对自我的肯定和欣赏。

可谁规定青春貌美只属于 20 岁的女人？女人 30 人生才刚刚开始好不好！

我最近看到一档综艺节目，汪涵问刘嘉玲：你最享受人生的哪一段时光？

她低头沉思了一下，笃定地说："我最享受现在，此刻就是我最好的时光。因为我从来不像现在这样自信、舒展、欣赏自己。所以我最好的时光不是 20 岁，也不是 30 岁，而是现在。"

现在的刘嘉玲，51 岁。而我听过太多 30 岁不到的女人，整日惊呼自己老了。

每年那么多校园题材电影上映，惹得毕业不到 5 年的姑娘们一把鼻涕一把泪地怀念起自己一去不复返的青春。有些女孩可能心里不承认，但是迫于大环境，也不得不说自己老了。

　　女孩们是如何界定"老"这件事的呢？大概就是 30 岁这个门槛，把女孩儿和老女人无情地划分在了两个阵营。仿佛一个女人从 29 岁迈入 30 岁，就要退化成另一个物种。一个让同性惋惜、让异性远离的物种。

　　仿佛 30 岁以后的女人就不配拥有炙热的爱情和圆满的婚姻，她们人生的一切都只剩下了求稳，再没有资格去追求所谓的诗和远方。30 岁的女人早已不再是梦幻少女了，也就没必要谈什么梦想了。她们的梦想就应该是守着眼前的丈夫、孩子、房子，做一个合格的妻子。否则，稍不留神就变成了 30 多岁的弃妇，人生节节败退彻底崩盘。

　　男人呢？三十而立，大好时光才刚刚开始，即便到了 40 岁，无论模样、品行如何，只要事业有成，就仍被称作黄"金单身汉"，仍是诸多 20 到 40 岁女性争相追逐的"钻石王老五"。

　　一个女人的时光是怎么变坏的，总是从没有主见开始，总是从无法辨别什么是真正的人生智慧开始，奔向一种大众套路的普世价值观

　　一个女人从 25 岁就开始走下坡路

　　条件再好的女人，30 岁还没结婚，就不是你挑别人而是别

人挑你

35 岁还没怀孕的女人，这辈子怕是生不出来了

女人 40 豆腐渣

50 岁的女人离婚了只能找 70 岁的老头

60 岁的女人唯一的归宿就是广场舞和带孙子

在时代的潮流里，任何一个试图突破"普世成熟价值观"而追求更美好的女人，都不会受人欢迎。因为她的突破，使得太多人看到了自己的庸俗和怯懦。

在刚刚结束的里约奥运会赛场上，有一位特殊的体操运动员。她连续参加了 7 届奥运会，以 41 岁的"高龄"征战在平均年龄 20 岁的体操赛场上。她的名字叫作丘索维金娜，她第一次站上奥运会拿金牌时，她如今的对手绝大部分都还没出生。

20 年过去了，她早已不再是那个稚嫩、水灵的小姑娘。面对年轻的对手，她自信地说："我不觉得我老，我总感觉自己还是 18 岁。年轻的对手不会给我压力，她们有压力才对，因为我有经验。"

这样的女人你能说她老吗？不放弃自己的梦想，不受限于时光的女人永远都是自信满满的元气少女！

就像婚纱帝国 Vera Wang 的掌门人王薇薇，她年过 40 才转行投身于婚纱设计，经过 10 年的苦心经营才有了享誉全球的婚纱品牌。如今年过六旬离异的她还常常带着 30 岁的小鲜肉男朋

友出席各种活动，十指紧扣长发披肩满脸娇羞，神似少女。

所以说，女人的衰老和颓败从来都与年龄无关，中国女人普遍都太早放弃了自己的人生！她们接受了"30岁以后就是老女人"的设定，年纪轻轻就放弃了自己的梦想与爱情。在2字打头的年龄没有把自己嫁出去，没有找到一份稳定的工作就开始陷入无尽的焦虑。

一个女人的衰老不是从第一道皱纹开始，也不是从第一根白发开始，而是从放弃自己的那一刻开始。

有些女人30岁就死了，到80岁才埋，有些女人则可以一辈子做女孩。个中差别除了不放弃自己的那股劲儿，还有意识形态上的巨大鸿沟：前者对于社会划分的"老女人"深信不疑，后者坚信：都什么年代了，还觉得年龄可以困住女人？！

困住一个女人的，从来都不是年龄，而是她的自我定位和格局！

什么样的女人能一辈子做girl？岁月淬炼了她们独特的气质，开阔了她们的眼界和胸怀，却从未以皱纹和松弛肌肤的形式留下痕迹。她们把年龄写在心里，却从未刻在脸上。

成熟是一种内敛笃定的气质，它不是松弛的皮肤、沟壑般的眼纹以及浑浊的眼神！知世故而不世故，是她们最可爱的成熟！

这种女人，男人从来不问年龄，也不敢问年龄，更绝不会叫她阿姨！她们永远是在御龄，而不是被年龄控制。可不被年龄控制不仅仅体现在保养得体上，更多则是不被年龄所束缚！

年轻的女孩儿像田地里割不完的韭菜，一茬接着一茬，总有比你更年轻的！没有女人永远 18 岁，但永远有女人 18 岁，所以拼年轻是一件没有尽头的事！

要知道，每一个年龄有每一个年龄独特的气质和美丽。我今年 26 岁，我不追求看上去像 20 岁，况且保养得再好我也没有 20 岁姑娘那种涉世未深的眼神。

我也不追求看上去有 30 岁女人的成熟与韵味。只希望我的外形和气质符合我的年龄，做我这个年龄里优雅漂亮有气质的女人。真正自信的女人不是善于伪装自己，而是接纳最真实的自己。

年龄是我的勋章，它不是我的硬伤。人生一站有一站的风景，女人一岁有一岁的味道。你我终究会成为别人眼里"30 岁的女人"，但是你我都知道：我们不会是死于 30 岁的女人，我们的青春期很长，大概有一辈子！

你就是尿，别什么都赖原生家庭

主任最近想写篇《欢乐颂2》的吐槽文，本着求真务实的精神我勉为其难地追到了33集，没想到直接把我的"秽语综合征"看发病了。

这一季完全就应该改名叫《安迪传》，并且从来没有哪一部女性题材的电视剧可以做到5个女主角，4个都招人烦！

这一部里最烦人的就是安迪和樊胜美，简直是有毒！最烦人的一点是什么你们知道吗？就是发生在她们身上80%的问题其实都是她们自己作的，还非要赖给原生家庭。

剧中两人都是三十好几岁的人了，却动不动就要追根溯源跟你谈童年阴影、家庭创伤。我承认她俩的家庭确实很特殊，很值得同情。

但我仍然要坚定不移地高举旗帜：25岁以后的成年人完全有行为能力去矫正自己的行为，修补原生家庭的各种问题，经营好自己的人生。

如果你不行，这是你自己的问题，你得承认你就是无能。

不要凡事怪父母，凡事都赖原生家庭不好。这样不会有人同情你，只会让你自己看上去更像一个大傻蛋。

比方说有读者跟我倾诉什么爱上已婚大叔不能自拔，问我怎么办，我心情好的时候还跟她说两句。但凡是一口咬定自己因为童年缺乏父爱，家庭贫苦，所以才理所应当爱上已婚大叔的，我从来都不管。

本人道德尺度宽泛，从来不会 judge 他人的私生活。但是我真的很讨厌那种虚伪又造作的，凡事喜欢把责任推给别人，特别是无法站出来反驳你的"原生家庭"的那种人。

或许举女孩的例子大家感受不深刻，我来举几个男人的典型借口。

小时候我爸就一直出轨，所以我天生觉得男人花心很正常。

小时候我爸妈总是打我，所以我现在脾气上来了就喜欢动手，改不了。

小时候我家里穷怕了，所以现在条件好了也不舍得花钱，我经济上没有安全感，你要理解我。

我从小父母离异，所以我敏感多疑不相信爱情和婚姻。

姐妹们听我讲，如果你男人跟你说过上面四句中任意一句，请立刻马上麻溜儿地跟他分手，微信、电话、微博一起拉黑，换电话号码，不要给他任何重新黏上你的机会。

且不谈这些毛病有多严重，一个不能正视自己的行为，只会一味推卸责任、凡事赖给原生家庭的人真的是太孬了！

他们的言下之意就是："我之所以变成现在这样，不是我的错，都是我父母的错，要怪就怪我没有生在一个好家庭。那是投胎的问题，不是我的问题。你不能责备我，更不能对我要求太多。反正我就这样了，你看着办吧。"

你说这种男人要他干吗？你是缺一个人陪你练乒乓球吗？

我们这代独生子女，多得是从小父母离异的，多得是从小跟着老人长大的，多得是经历过父母出轨的，多得是遭遇过校园霸凌的。

你以为就你一个人原生家庭有问题，别人都是在父母恩爱的家庭和谐、有钱有势的家庭里长大的吗？你随便在街上逮一个路人采访一下他的童年辛酸史，他可以跟你讲一下午，你信不？

相反，面对一个积极乐观、秉性温和的男人，在交往过程中你渐渐得知他有一些童年阴影和原生家庭的问题，你会更加敬佩和心疼他。

因为他没有把原生家庭当作一副挡箭牌，而是积极地解决问题，修复创伤，好好经营自己的人生。

最起码，这是一个对自己的人生负责的人。只有和一个对自己的人生负责的人在一起，你才有可能拥有一段健康的、良性发展的感情。

为了写这篇文章，我在百度上尝试着搜了一下有哪些童年不幸的伟人，结果我直接搜出了一份 120 人的名单：

1. 孔子 2 岁丧父，17 岁丧母；

2. 孟子 3 岁丧父；

3. 禅宗始祖惠能 3 岁丧父；

4. 穆罕默德为遗腹子，6 岁丧母，叔父养大；

5. 耶稣 15 岁（也说 19 岁）丧父；

6. 释迦牟尼出生 7 天丧母，姨母养大；

7. 亚里士多德幼年丧父，寡母哺养成人；

8. 薄伽丘是私生子；

9. 但丁 6 岁丧母，18 岁丧父；

10. 达·芬奇是私生子，在祖父家长大，继母品德恶劣；没受过正规教育；

11. 拉菲尔 12 岁父母相继亡故；

12. 米开朗基罗 6 岁丧母；

13. 哥白尼 10 岁丧父；

14. 笛卡儿 1 岁丧母；

15. 牛顿时遗腹子，由外祖母抚养成人；

16. 麦克斯韦 9 岁丧母；

17. 卡文迪许 2 岁丧母；

18. 莱布尼兹 6 岁丧父；

19. 叔本华 17 岁丧父；

20. 裘力斯·恺撒大帝 15 岁丧父；

21. 卢梭幼年丧父；

22. 巴赫 9 岁丧母，10 岁丧父；

……

101. 周恩来 10 岁时继母、生母先后去世；

102. 蒋介石 8 岁丧父；

103. 张学良 11 岁丧母；

104. 鲁迅 13 岁丧父；

105. 胡适 5 岁丧父；

106. 老舍 2 岁丧父；

107. 曹禺出生 3 天丧母，5 岁丧姐；

108. 茅盾 9 岁丧父；

109. 徐悲鸿 16 岁丧父；

110. 冯友兰 13 岁丧父；

111. 冼星海为遗腹子，由寡母养大；

112. 傅雷 4 岁丧父；

113. 巴金 10 岁丧母；

114. 梅兰芳 14 岁丧母；

115. 陈景润 10 岁丧父；

116. 李嘉诚 14 岁丧父；

117. 查良镛（金庸）13 岁丧母：

115. 霍英东 7 岁丧父与二兄长；

119. 杨志远 2 岁丧父：

120. 胡锦涛 7 岁丧父。

有兴趣的朋友们可以自己搜来看看，这可都是幼年丧父丧母且家庭贫困的，你再惨，惨得过人家吗？

如果硬要给自己的人生加上一场"比惨大会"，那可真是没什么意思了。谁没惨过？谁没点童年阴影？就不能内化成积极向上的力量去改变原有的环境，塑造美好人生吗？

我小时候也是跟爷爷奶奶长大的，对我爸的记忆就是老打我，对我妈的记忆就是没记忆。从小学到大学，我父母都不知道我到底读哪个班，校园欺凌也并非没有遭遇过。

可是我现在过得不好吗？我跟父母的关系处理得不好吗？我可曾埋怨过童年的不幸呢？

你选择做强者，就闭上诉苦的嘴巴。

你那么喜欢抱怨，习惯把一切问题都推给原生家庭，装自己最无辜，就别怪你重复上一代的悲剧，一生都活在原生家庭的阴影里，甚至把这个噩梦传递给你的下一代。

从来都没有命中注定的不幸，只有喜欢推脱责任的怂者！

所有父母反对的事，只有这一种解决方式

主任经常收到这样的私信：父母不同意我跟男朋友结婚怎么办？父母不同意我娶二婚女孩怎么办？父母不许我出国读书怎么办？父母不想我做现在的工作怎么办？

作为一个从小就跟父母作对，从来不按套路出牌的资深叛逆少女，我认为这个问题的解决方式其实很简单，就是——你要至少一次彻头彻尾地坚持自己的选择，并且用实际行动证明你的选择是正确的。你要完全依靠自己的力量，在你选择的这条道路上比之前过得好——这就是搞定父母的不二法门。

我的朋友小 M 之前在知名国企上班，对于这份小 M 他爹到处求爷爷告奶奶才得到的工作，小 M 本人从来没有满意过。终于，在入职半年后他再也无法忍受这种无聊的压抑的工作环境，于是决定辞职。小 M 的父母听闻此消息后如临大敌，每天给他做思想工作做到深夜，生怕儿子把来之不易的工作轻易丢弃。

然而，这并没有什么用。

在一个风和日丽相安无事的下午，小M还是递交了辞职报告。据说M妈哭了整整两天，M爸一个星期都没跟他说话。辞职后的小M一天都没休息，用全部积蓄去上海拜了一个大师学习法式甜点。学成归来后，在武汉做糕点外卖生意。

一开始租不起门面，请不起员工，他就在家里亲自做，然后卖给朋友圈里的亲朋好友。渐渐地，邻居们也开始光顾他的生意了。不到半年时间，小M就攒够了开店的钱，成了武汉第一批主打法式甜品的蛋糕店。

3年过去了，他的甜品店开遍了武汉三镇。曾经跟他一起上班的国企同事，如今还是在那个岗位，还是那点儿工资。曾极力反对他辞职的父母，如今也唯他马首是瞻。大到在哪里置业，小到灯泡买哪个品牌，通通由小M说了算。

要知道他之前的人生基本上全部掌控在父母手中，大到选学校、选专业、找工作，小到衣服、发型、饮食，通通由父母说了算。但不代表他是一个依赖家人、不努力进取的人。虽然一直走在被父母安排的道路上，但是他也一直走得很顺利。

有一次我们聊到辞职创业的问题，他跟我说："其实我一直都知道自己想干什么，能干什么，只是读书的时候没有资本跟父母说不，所以顺从了这么多年。我并不是心血来潮去创业，而是我一直在为这一天做准备。时机成熟了，就开始，事情就是这么简单。也许我的父母并不了解我也不认同我，但是没关系，等你做出一定成绩的时候，他们的态度就会变成理解和认同。"

对于这一点，我和小 M 的想法简直不能更契合。因为我也是经济独立后，才过上了想干什么就干什么的日子。从毕业后去外地工作，到在事业的上升期毅然辞职创业，到现在零基础一条心折腾公众号，没有一件事不是我父母强烈反对的。

印象最深刻的就是在我决定去天津的时候，我爸跟我妈为了这件事吵得不可开交。因为我妈支持我出去闯一闯，我爸希望我留在武汉。到最后我爸竟然说我如果非要去天津，他就跟我妈离婚——可见男人到了 50 多岁也是非常幼稚的动物，我们要表现出足以震慑他们的成熟。

当年只有 23 岁的我，非常淡定地跟我父母说："如果你们感情不和决定离婚，我没有任何意见，祝你们各自幸福。但是请不要把这件事推到我头上，因为你们离不离婚我都是要去天津的。如果决定离，我陪你们办完手续再走吧。"

从那以后，他们再也没有干涉过这件事。而我从一开始就抱着告知而不是商量的态度通知他们我的决定。首先，工作是我自己找的。其次，我付得起机票和房租。最后，这是我自己的人生，然而我已经做出了决定。

我在父母一路的反对声中走到了今天。每当父母刚开始认可我工作上的成就，就是我开始琢磨辞职转型的时候。每当我抛弃了他们刚开始认可的事业，迎来的必然是更大的反对和质疑。但是没关系，我一直都知道我在做什么，我想要什么。

我并不急于得到父母的认可和支持，比起他人对我的认可，我最重视的是自己对自己的认可。等我做好了自己认可的事业，他人的认可就像麦当劳收银台上放着的一盒一盒的吸管，就摆在那里，你拿不拿都无所谓。

但是，若你只知盲目地追求他人的认可，而忽略了自己内在渴求的时候，你是无法全身心投入一份事业的，到头来也无法获得他人的认可。

你的世界是你自己的，与他人无关。自我实现这件事的核心目标也是欣赏自己，认可自己，与他人亦无关。但是当你把自己的小世界处理得井然有序，你的成就足以让你认可自己时，外界同样会传来喝彩的声音。

说到底，可以自由选择职业是因为经济上不需要父母补贴，创业资金不需要父母支持，辞职休息也不需要父母提供失业补助金。无论处于哪种状态，都能维持自己一贯的生活水准。经济独立永远都是人格独立的第一步，当父母深刻感受到再怎么反对都于事无补，无法对你进行任何制裁（主要是经济制裁）的时候，他们也只好静静地看着你折腾了。

所以，在工作问题上跟父母有任何分歧，只要早日实现经济独立，并保持一个体面的生活水准，父母的反对就永远都只能停留在说说而已，因为他们拿你一点儿办法也没有。

我第一次认识到经济独立的重要性，是 20 岁时。那会儿我很想参加学校的一个交换项目去英国读书，但是我爸这个"资深恋女狂魔"怕我一去不复返，拒绝给我缴学费……20 岁的我除了干瞪眼和不理他之外，没有任何办法。

从那以后，我就开始了奋斗的人生。从小懒散惯了的我也真没什么宏伟目标。我只是单纯地觉得，这个世界上 99% 的与自己有关的事，只要你有钱，就能自己做主。也只有你经济独立，不依附于任何人的时候，面对那些你不喜欢的事，才有底气喊出一句："老娘不愿意，你爱咋地咋地！"

说完了事业上的，再来说说感情上的。感情上的父母不同意，主要来自于这件事：门不当户不对。

在这里我列举两段我周围最门不当户不对，但是依旧幸福和谐的婚姻。毫不夸张地说，这两段婚姻中男女双方家庭条件的差距完全就是现实版的道明寺跟杉菜。

第一个例子一个二婚还大自己老公 4 岁的姐姐。当年男方父母反对到什么地步呢？已经快要断绝父子关系了，并且在结婚后的很长一段时间内依然不待见女方。不过这一切都随着这对夫妻把小家庭经营得和和美美，妻子把孩子教育得乖巧可爱，而发生了翻天覆地的变化。

我刚刚刷朋友圈，还看到二老带着他们两口子去巴黎购物，婆婆挽着媳妇一副无比亲密的样子。谁能想到当初二老对这个儿媳的不满已经到了无法坐在一张桌子上吃饭的程度呢！

第二个例子跟第一个例子差不多，也是父母不同意结婚。然后两口子心一横，跑到拉斯维加斯领证了。没过多久，妻子怀孕了，于是直接在美国生下了他们的第一个孩子。那个时候，这对小夫妻刚刚大学毕业，自己都还是个孩子，谁都不会相信他们能够独立照顾一个宝宝。

但是他们把孩子照顾得非常好，他们每隔一个小时爬起来喂奶，亲自为孩子洗澡、做辅食。在没有双方父母帮忙、也请不到月嫂的情况下，两个人硬是独立把孩子带到了一岁。

这件事让男方父母对女方的态度有了非常大的改观，从不认可甚至是不允许，到后来的高度认可、完全接纳，直至赞赏有加。后来男孩一直忙于工作，女孩就担起了照顾家庭的责任。

一个1991年生的女孩，一个人把一个复杂的大家庭打理得井井有条。从公公婆婆不认可、不允许娶进门的外人，到如今让全家人都感到骄傲，备受疼爱的儿媳，个中艰辛可想而知，不过好在结局是幸福的。老天果然不会辜负一个努力生活的好姑娘。

父母对子女婚恋的所有反对都是出于对子女幸福的考量，怕我们过得不好，或者害怕我们的下一代缺乏家庭教育。

而改变这点的唯一方式，就是用实际行动证明给他们看：我们有能力组建一个小家庭，并且会把日子过得幸福、丰富且精致。我们当然会有矛盾、争吵和分歧，但是所有的矛盾我们都能内部解决，不会闹到两个家庭都不愉快。展现在亲朋好友面前的永远都是家庭幸福、夫妻恩爱、孩子乖巧的模样。你说这样的婚姻，父母还有什么理由反对？哪有做父母的会反对儿女的幸福呢？

所以无论父母一开始出于什么目的反对你的婚恋，门不当户不对也好，异地恋也好，要面子也好，他们最终会为了儿女切切实实的幸福而让步。我们做子女的，想要父母支持我们的婚恋选择，最重要的就是齐心协力把小两口的日子过好，把我们的小家庭打理好——这才是获得父母理解和支持的关键因素。

即使他们有一百个理由反对，你都可以用一个事实说话：我们俩能把自己的日子过好，也能培养出优秀的下一代。那么他们还有什么理由反对呢？

所以，面对父母工作上的反对，请用赚钱的能力说话；面对父母婚恋上的反对，请把日子过好，用实实在在的幸福说话。

这样一来，父母是真的不会再多说什么废话的。

我们要知道，父母反对的根本原因就是他们深信我们的选择是错误的，是跟美好生活背道而驰的。归根结底，他们还是为了我们好，希望我们衣食无忧，生活幸福。

毕竟两代人的思维方式和眼界都不同，所以不理解对方的选择也是一件非常正常的事。我们要做的，不是强迫他们理解我们的选择，而是用事实说话，让他们亲眼看到：喏，你不认可的那个选择，依然是你认可的结果，甚至比你设想的还要好。

与其费力去跟父母解释、辩论甚至争吵，还不如默默地做好自己的事，过好自己的日子，早点让他们看到这个结果。毕竟任何解释都不如事实摆在眼前来得实在。

父母老了，观念难免陈旧，思维也跟不上时代了。但是他们爱我们的心，几十年都从未改变过。也许他们有点儿固执，还有点儿强势，但是始终是为了我们好。所以，我们做儿女的没必要摩拳擦掌，打了鸡血似地去证明父母是错的，我们只需要证明自己的决定是正确的就好了。

等到父母认可我们的那一天，请不要对他们说："没听你的话果然是正确的。"我希望咱们都可以对父母说："我相信你们安排的路会很好，但是我想走自己的路，并且尽量走得跟它一样好。"

毕竟跟爸妈争是非对错是青少年专属的幼稚行为啊，对待家人要的是尊重而并非认同，一个家庭要的是爱，而不是赢。

你可以走自己的路，但请不要把父母安排的路批得一文不值。也许他们的观念你觉得很荒谬，但请不要质疑他们爱你的心。也许他们给你安排的工作你不屑一顾，但请你相信，他们已经把能力范围内最好的争取给你了。

你这样的老板，真的别创业了

主任这会儿在新加坡拍自己服装品牌的宣传图，顺便陪闺密旅行庆祝她的生日。全程在大巴上写稿，用的手机热点，所以今天的文章没有配图和排版，还请大家见谅。

本来我今天不打算更文的，但是实在被一篇文章恶心到了，遏制不住自己的"洪荒之力"，于是发了这样一条朋友圈，下面200多个赞。

今天的朋友圈真的被又当老板又当孙子的抱怨刷爆了。大家都不是第一天出来创业，早就该有这个思想觉悟了。整个公司从头到尾只有你一个人创业，别人只是打一份工、上一个班而已。你的焦虑、委屈、压力、内疚都是你应得的，因为你自己是你自己创业的最大受益人。怎么说呢，多自嘲少抱怨，这样的人生比较酷。

我没跟任何人说起我过去48小时怎么过的，飞机延误一整夜，第二天转机 6 个小时下来继续坐了 5 个小时大巴，到酒店已经是凌晨 4 点半。

8 点准时起床处理工作，大巴上写稿，下车了拍照，从昨天晚上到现在我只吃了一碗冷掉了的面条。

我没有跟我父母撒娇，没有跟我的读者卖惨，更不会去跟我的员工抱怨。为什么？因为这是我选择创业所必须要面对的事。又不是他们逼我去做的事！！

就是有这么多人力不可控的突发情况，就是有这么多劫数等着我，就是有无数的航班延误和奔波劳碌。这是你自己选择的道路，要么自己跪着走完，要么受不了认怂回头，哪来这么多矫揉造作的玻璃心？

焦虑、委屈、压力、内疚，这都是你应得的。因为你本人就是你创业最大的受益人！受委屈了就知道抱怨，你数钱的时候怎么不抱怨呢？

打工也好，创业也罢，我们作为一个有行为能力的成年人，理应对自己全权负责！这条路再难再苦，也是你自己选的，闭嘴承受就好，哪来那么多抱怨？

做一个沉默内敛的成年人不好吗？多自嘲少抱怨不行吗？酷一点、高冷一点不好吗？大多数创业者也是奔四的人了，非得跟个矫情扭捏的小姑娘一样，合适吗？

作为一个做过基层工作人员、中层管理人员以及正在创业的老板，我想跟大家推心置腹地聊聊，什么样的老板不能跟。

首先，这种玻璃心又矫情的绝对不可以！简而言之一句话：爱卖惨的老板不能跟！他今天拉着你的手眼泪汪汪地说这个月的工资都是找亲戚借的，下个月就能可怜巴巴地望着你说，他已经发不出工资了。

今天跟你说，孩子病了她也没能去医院看一眼。明天就能合情合理地把所有工作推给你，让你义务加班到3点。不然呢？你好意思拒绝一个心疼自己孩子的母亲吗？

千万不要觉得老板推心置腹地跟你说自己的难处，说到动情处还泪眼婆娑地说，是把你当自己人看。这都是套路！！套路！！卖惨就是变相地示弱装可怜，让你心甘情愿地多理解、多分担。

然而这种喜欢诉苦的老板，绝对都是缺钱，或者不想给员工多发钱的。这意味着，你多分担了也不会有任何经济上的补偿以及职位上的提升，你不分担或者分担少了还会背上良心债。

所以，不要觉得强势铁血的老板很坏，明明卖惨扮弱的老板才是最坏的！你的合理利益被侵犯了，还没法儿说他的不是！谁叫人家惨呢？！

其次，酷爱开各种晨会、晚会，并且要求员工唱歌跳舞喊口号的老板不能跟！企业文化渗透着任何传销管理模式的公司不能进！

详情请参考三、四线城市发廊、美容院和洗脚城员工们在自家店铺门口跳操的场景。想想他们的老板是如何给员工洗脑的。你有可能会意识到，除了不用在公司门口跳操，其实你老板对你的管理模式跟洗脚城老板管理洗脚妹别无二致。

还有，这种老板通常是用原始股、分红把你唬住。你就像盯着眼前的胡萝卜负重前行的那头驴！任劳任怨干10年，也分不到一毛钱的原始股！

我的铁杆读者韩小妞就在石家庄某知名连锁美容院辛劳工作了8年，从普通员工一直到主管。工资一分钱没涨不说，这家公司都上市了，她股票都没有见到！！

于是，她忍无可忍地提出了辞职。她老板还欠她上个月的工资。

韩小妞是这么形容她前老板的："别的老板是我吃肉你喝汤，我们老板是我吃肉了也喝汤了，最后把汤里的香菜跟葱都捞出来给你闻一闻，让你想象一下汤有多鲜！"

即便如此，仍然有许多年纪轻轻、缺少社会经验、简单纯朴的小姑娘在这种公司里奉献着自己的青春，幻想着永远都不会实现的分红跟股权。

还有一种，就是没事就跟你摆老板的架子，实际上管理水平一塌糊涂的那种领导。这种人常常存在于国企、事业单位中。

例如，我一个在学校工作的迷妹经常在读者群里吐槽说，他们领导每天不是追责就是整风，办公室一片紧张氛围？！

这种领导我在杂志社实习的时候也遇到过，出了问题第一反应永远是追究责任，死活不提解决问题！由于本人表现优异，还没毕业已经被这家杂志社录取且转正了。

但是，第二个月姑奶奶我就辞职了。转正是证明我的能力，辞职是证明我的态度。都说90后员工难管理，我自己也是90后，我现在的员工都是95后。

我并不觉得，年轻的员工难以管理。关键是你自己懂不懂换位思考，有没有管理能力以及人格魅力。

90后、95后的生活条件大多都比较优越，很少有人是因为吃不起饭、租不起房一定要待在一家自己不喜欢的公司，跟着一个自己不认可的老板。

体察到了这一点，少摆老板架子，跟我一样让员工喊自己小姐姐而不是某总，你就知道该如何跟90后、95后员工相处了。

最后，我补充一种我最讨厌的老板。就是在客户和大 boss 面前，永远拿你当替罪羊，永远甩锅给你的那种直属领导。

一个员工受了委屈，背了黑锅，被不讲道理的客户指着鼻子骂。你的第一反应竟然不是像老鹰护着孩子那样维护他、安慰他，而是冷酷无情地把他推到了公司的对立面，让他独自承受冷眼和责骂。

这样的老板，只是把你当成一枚手榴弹，说扔就扔，根本不会用心地栽培你、提拔你，你也不要指望跟他学到任何东西，积累除了应对被骂的经验以外的任何经验。

在客户面前，公司应该是员工的娘家人，给予他们保护感、归属感及安全感，而不是客户指责下来，不分青红皂白地甩锅给员工。

你以为这样做客户会很满意吗？那都是些没脑子的客户，理智又聪明的客户反而会怀疑你的管理能力跟领导水平。

一群没有安全感的员工就像一盘散沙，你如何用一盘散沙打造商业帝国呢？所以，把你当手榴弹说扔就扔的老板坚决不能跟。这种事就跟出轨一样，只有零次跟一次的区别。

发生过一次，你就可以把你的老板炒了。递辞职信的时候别忘了用一种王之蔑视的眼神告诉他："你这样的老板，真的别创业了！回家卖红薯吧！"

焦虑是我男朋友

我还算是一个比较坚韧的人，很少会因为压力失声痛哭。上一次还是 3 年前，我刚离职自己开了家公司做进口酒。

我记得很清楚，那天要见三拨客户，给 A 送完了酒给 B 送资料，最后找 C 结账。当我准备好了一天要带的东西慌慌张张出门的时候，发现昨天就放在鞋柜旁边的给 A 客户装酒的木盒不见了。

A 客户特意叮嘱过，他的酒是用来送人的，必须用木盒装。我一下子慌了神，明明昨天晚上还在这里的，怎么一夜时间就消失了。于是我惊慌失措地问我妈，你看到我的木盒了吗？

我妈说，我以为是你不要的，扔掉了。

就是这么小的一件事，放到现在，不过是让公司的小姑娘再给我送一只过来的事，放到那个当下，简直犹如五雷轰顶。

我满脑子想的都是，我现在去哪里找木盒呢？不知道哪个同行那有现货，即使有，我肯定也迟到了，后面的几个约会都要改时间。

于是，我竟然站在客厅号啕大哭了起来。

我妈绝对是被吓到了，她竟然去垃圾堆找大清早丢掉的那两只木盒。她赶过去的时候发现垃圾已经被清理走了，不过最后还是给我找回来了。我至今都不清楚她是怎么办到的。

我想，屌丝创业者都明白：这种细小又突发的事件有很多，一开始你没有同伴没有经验，没有可以让你几个月不开单依然过得逍遥的积蓄。

所以任何一件在别人看来微茫、不值一提的小事，都足以击溃你，让你当场崩溃号啕大哭。

我对自己的人设规划里并没有"很坚强，不爱哭"这一项，但是渐渐地，你经历过各种来自他人的不靠谱，以及不可控因素造成的损失，反而接受且适应了这种"我已经做到了100分，可这件事还是黄了"的可能性。

所以直到今天为止，我再也没有因为任何工作上的事流过一滴眼泪。

半夜家里wifi坏了，客户催我交稿。我一点也不着急，要么用手机热点，要么去酒店开个房间继续写，第二天还能在酒店吃个早餐游个泳。不就是没网？这点小事根本不配让我着急。

月初我在杭州看展，中午约了客户吃日料。咬了一口天妇罗，我低头看手机，收到了淘宝给我的暂时闭店的通知。

我继续云淡风轻地吃完了这餐饭，脑袋里盘算着要立刻开家分店让大家有链接可以拍，紧接着让鹿晗店长查清楚是什么原因导致的，对症下药，不要因为着急自乱阵脚。

现在我们已经进入了申诉阶段，不久后老店就会回来，感谢大家这段时间的包容与支持。

最近每天都有朋友给我转"自媒体封号名单"，也有人问我担不担心自己撞到枪口上。首先，我自查了一下，我写的内容没有违反社会主义核心价值观。其次，万一被封了，那就再开一个呗。

我可以在微博上通知我的读者，其中最为核心的那一部分早就转移到私人微信号上去了。说实话，公众号现在更像我的一张名片，而不是一份工作。如果不分青红皂白地给我封了，我也不会有太大反应。

所以，我们什么时候最焦虑？

并不是让我们焦虑的这件事有多大多严重，而是，它有着非常高的不可控性。它来得猝不及防，你也不知道它要赖着你到什么时候。

就像一个怎么甩都甩不掉的男朋友。

可是随着你工作经验的累加以及心智成熟的加深，焦虑症状会有所缓解。可是如果随着工作压力跟强度越来越大，你的经验、能力和成熟度并没有跟上的话，这种焦虑感就会越来越深。

就好像我的一位朋友，今年28岁了，却从没上过一天班。

一方面父母比较溺爱，做好了养女儿一辈子的准备。她找男朋友也只会找不挑剔她没工作的那种男人。

过去这些年，都相安无事，她仍然没想过出来工作，也尚未厌倦家里蹲的生活。直到最近，事情突然发生了变化。她开始间歇性地自闭，不开手机，不登微信，不联络任何人，也不想让任何人联络她。

短则三五天，长则半个月。

一开始，朋友们都很担心，去她家里看望她，发现她还是跟平常一样，只是不想跟人联系。到后来，大家都习惯了她隔段时间就会消失一阵，也就没人去找她了。

并不是我们不够关心她，而是感知到了她内心的焦虑，这种时刻如果强行去找她或者让她看到 100 个未接来电，大概只会让她更焦虑。

我从没跟她聊过这个话题，但是我猜想应该是从不想上班，不需要上班到如今站在 30 岁的十字街头，想着还有半个世纪要活。偶尔动过"换一种方式去生活"的念头，却发现似乎没有一份工作可以做的茫然与挫败。

有时候，焦虑是因为外在给你的压力。然而更多时候，压力源于内心升腾而出的那股求而不得的渴望。

你问我现在还会感到焦虑吗？当然会，只是换了一种方式。我管它叫——周期性工作倦怠症。

具体表现形式为："天气不好，不想写稿。没有睡好，不想写稿。空气不好，不想写稿。好友离婚，不想写稿。国家有难，不想写稿。"总之，我不想开展任何创造性的工作，仿佛大脑关闭了思考的功能。

后来我发现，这种周期性工作倦怠跟拖延症是紧密相连的。拖延久了就变成了倦怠，我去年每天更新一篇原创文章的时候哪有什么周期性工作倦怠？简直就跟打了鸡血一样。

所以说，忙碌真的是治愈一切的良药。工作强度大的人不会被劳累击垮，只会被无所适从的闲适和不知道应该如何挥霍的时间所打败。

每个人都是活一种状态，活一个精气神。当你忙成一个永动机，会呈现出一种类似回光返照一般的活力。所以时下很流行的"丧丧的，颓颓的"气质真的是工作不够饱和带来的。

所以，我是如何解决我的焦虑、拖延以及周期性工作倦怠的呢？很简单，两个字——去做。

越懈怠，你就越没状态。一件让你很头疼的工作，一旦坚持下去，你就习惯了，头也不疼了，工作效率也高了。如果你现在实在无法集中精力工作，那么先从容易的、机械的部分做起。

给自己的大脑和身体热身，给自己一点信心。如果你无法老老实实坐到电脑前，什么工作都不想做，那么试试去健身，去游泳，去慢跑，去遛狗。

总之，去做！

不要让自己陷入无所事事又自怨自艾的情绪旋涡里。

从专业角度，我们应该如何缓解焦虑呢？我引用了 Joel Minden 博士提出的十种最有效的方法跟大家分享。

原文标题：Top 10 Ways to Reduce Anxiety | Psychology Today

1. 如果你的焦虑是"要是……该怎么办？"的问题，通过写下那些可行且能使问题易于处理的解决方法来回答它们。

2. 与其在心里反复想，不如写下你的想法。比如，你焦虑过度难以入睡，就在床头的笔记本上记下你的问题。你什么时候突发奇想，就可以常常去回头看看那些问题。

3. 不要试着不去担心或告诉自己一切都会好起来，这样反而会使你更加焦虑。当担心过度时，或难以控制具体关心的事情时，你就问问你自己一系列问题来评估你的预测和能处理好的可能性。比如："这（糟糕的）事情发生的可能性有多大？""如果发生了，最坏的结果是什么？""最好的结果是什么？""最有可能的结果又是什么？""我可以做些什么才可以阻止（糟糕）的事情发生呢？"

4. 学会接受不确定的事是处理焦虑的一个重要方法。无论你为未来准备得多么充分，还是会有不可预测和不可控制的事情发生。你越能接受这个不可避免的事，就越容易处理好意外的焦虑问题。

5. 反复接触一个令人恐惧的场合是减少回避行为的最好方法之一。回避行为是指通过回避导致焦虑的场合来减少自己焦虑情绪的行为。这样就好像饮鸩止渴，回避得越多，你就会越发焦虑。如果你在不熟悉的人面前有社交恐惧，那就给你自己更多的机会去接触新的人，接触越频繁，就变得越自然。向你不认识的人问好，在杂货店的收银台和他人聊聊天，参加聚会，参加课程或是加入兴趣小组。这种接触一开始会很不自在，但是随着时间推移并持之以恒，焦虑就会减少。

6. 记录你的进展。坚持记录能使你更易于控制、缓解焦虑的效果。如果你能掌控焦虑的触发开关，了解缓解焦虑的策略以及焦虑症状改变的原因，你会知道什么有用、什么没用。用速写纸、笔记本或是一个智能 APP。

7. 渐进式肌肉放松训练可以帮助你再次获得身体的放松，当焦虑问题引起肌肉紧张时，知道怎么放松你的身体是很有帮助的。

8. 腹式呼吸是另一种用来在紧张场合放松身体的策略。保持你的肩膀自然下垂并放松，试着深深吸气至你的胃部。让你的腹部，而不是你的胸，像吸气时一样吐气。

9. 运动，特别是有氧运动，练习20分钟以上可以有效缓解焦虑症状，但是要有耐心——也许得花上好几个月才能见到效果。

10. 找出一本像《焦虑及应对手册》一样基于事实的绝佳自助书，或者和正在实践认知行为学的心理学家一起工作，这对于治疗焦虑紊乱特别有效。

焦虑是我的男朋友，曾经有一度我很想甩掉他，告诉他："我们真的不能在一起，你一定要放过我。"

后来我发现，焦虑是甩不掉的，这是一个无论如何都甩不掉的男朋友。所以我决定，接受他将伴我一生这件事，学会与他和平共处。

面对负面情绪，最强大的心理并不是抗拒、驱除或者放弃，听之任之，而是发自内心地接受这种情绪的客观存在，并且清楚它一时半会儿不会走。

就好像《美丽心灵》里那个精神分裂的数学家一样，他最终接受了自己幻想出来的"室友跟小女孩"也适应了他们随时都会出现的那种生活。可是，他仍然从事着自己热爱的教学工作，并且好好地过完了这一生。

所以，你也可以。

第三章

独立是经济上的，更是精神上的

这世界属于拎得清的人

7 岁的时候，我觉得这个世界属于漂亮的女人。那个时候我眼里"漂亮的女人"是杨钰莹，20 年过去了，她依然算得上漂亮的女人，但是混得实在是不怎么样。

开旅行社的朋友告诉我，他们公司请过杨钰莹做商演，价格低到咋舌不说，还要去县城大戏台这种地方对着猥琐的叔叔伯伯们连唱三首，连她看了都觉得很辛酸。

17 岁的时候，我觉得这个世界属于有本事的女人。那个时候，我眼里有本事的女人是 Coco Chanel，也是我今生唯一的偶像。她和戴高乐、毕加索被并称为"20 世纪法国最永垂不朽的三个人"。

直到今天，还有无数女性在为她百年之前的设计而疯狂，比如说我上个月又失心疯买了个深蓝色的 2.55。

这个世界的确属于有本事的女人，可是有本事的女人往往活得太用力、太辛苦，她们铁骨铮铮、无所畏惧，却总是和最平凡的幸福失之交臂。

就好像香奈儿年轻的时候经历了爱人离世，人到中年又经历了情人背离，老了虽说也有无数仰慕她的绅士围绕身边，但她生命的最后 10 年都是一个人独居在巴黎的丽兹卡尔顿酒店，去世的时候被发现一个人伏在缝纫机旁。

如今你再问我，这个世界属于什么样的女人？

27 岁的我会这样回答你："这个世界属于那些拎得清的女人。无论颜值如何，才华高低，能真正做到拎得清三个字的，混得都如鱼得水，活得都潇洒肆意。"

比如《东京爱情故事》里那个为爱痴狂后，终放下执念潇洒转身的赤名莉香。

再比如《傲骨贤妻》里那个放弃了完美情人，选择了嫖娼老公的艾丽西亚。她的理由是，在 Will 面前她只能做那个完美的自己，而在老公面前她可以展现任何面貌，这样的生活要轻松许多。

这样的女人都是拎得清的女人，她们会为爱痴狂，但同时也会画一条明确的止损线。

她们也会为男人彻夜难眠，但工作扎堆的时候就果断把男人扔到一边，永远都知道什么才是最重要的，重在体验，绝不恋战。

再比如我正在追的韩剧《有品位的她》中，金喜善和金宣儿所饰演的双女主都算是非常拎得清的女人。虽说她们性格不同，为人处世的方法也不同，但是她们的脑子都非常清楚，知道自己要什么，并且能毫不犹豫地放弃掉第二想要的那个。

金宣儿饰演一个背景复杂的底层妇女，处心积虑地给大户人家当保姆借以勾搭老爷子骗取巨额财产。心机深重，步步为营，大家看看就好，没什么学习实践的机会跟必要。

至于金喜善所饰演的这位二少奶奶，确实值得每一位女性观摩学习。从穿着打扮、言行举止再到为人处世，实在太配得上剧名《有品位的她》了！

在剧中，结婚10年的她热爱艺术，常常发掘培养优秀但是寂寂无闻年轻画家。把他们的画引荐到高端画廊里，或者运用到快消品的包装上，从而帮助他们出名，自己也能从中赚取声望和佣金。

很不巧的是，这一次她培养了一只白眼狼。这位年轻女画家不仅当着她孩子的面勾搭她老公，还企图鸠占鹊巢取而代之。

金喜善第一次发现老公出轨的时候，虽然伤心但也没有大吵大闹，而是冷静地把他们约到一起吃了顿饭。其间，她拿出一支钢笔跟对方说了下面一段话：

这支钢笔是别人送我的大学毕业礼物，很长一段时间，我一直很珍惜它，但最近这种笔的墨水不好找了，我也不大用得上它了，但我还是舍不得扔掉它。我家智后第一份成绩单，我是用它签的字；还有我家所有不动产的合同，也都是用它签的字。我的男人也就像这支钢笔一样，也是我用过的二手货了，没什么新鲜的，但是因为沾上我手上的油渍，还是不舍得扔掉，特别是有人要抢的时候——这是我最不能容忍的。不要总想着抢别人的东西，自己的东西自己去买吧，你听懂了吗？

最后她告诉小三，如果再让我发现你跟我老公见面，我会让你知道现在的我是多么温柔。

这个时候，她还是希望老公能回归家庭的。当她意识到她懦弱的老公既不愿离婚又不肯跟小三断绝往来的时候，她果断起诉离婚。在法庭上，她老公悔不当初，当庭发誓要跟小三断绝往来。

这个时候，她也毫不动摇，坚持离婚。为什么？

看，这就叫拎得清！

什么时候应该离婚 or 分手？并不是这个男人做了什么你无法原谅的事，也不是那些当你觉得心死如灰的瞬间。否则，当他有所改观的时候你一定会动摇、犹豫。

就这么三番五次，循环往复，蹉跎青春，悔不当初！

而是，当你发自内心地觉得后半辈子跟这种男人生活真的太可惜了；当你认清了他的真面目不过是一个懦弱可笑、毫无责任感的小丑，即使他不出轨，即使他对你言听计从，你也该拂袖而去；那么你就会变得坚毅、果断、一往无前。而不是永远被男人的行为牵着鼻子走，在离不离婚、分不分手的问题上蹉跎半生。

离婚后画廊老板告诉她，小三的作品被一个收藏家看中了，身价倍增。

结果她开心得要死。

画廊老板一脸讶异地问她，怎么还能开心得起来？她没有回答，但这正是我欣赏她的原因。

作为一个经纪人也好，还是艺术家的发掘者也好，从这个角度出发，她发掘人才的眼光和商业价值得到了体现，她理应开心！至于画家破坏了她的婚姻，那是另外一回事，不应该混为一谈。

再说，离婚后的她需要独立生活的资本，更加不应该跟钱过不去。后面也有写她押着画家的稿费不给她结款，画家找她理论。她平静地说："你抢走我老公，我扣押你稿费，我们扯平了。"

我只想说，干得漂亮！

我喜欢这样的价值观：一码归一码，女人的脑袋要拎得清。感情归感情，事情归事情。而不是一个好好的职业女性，但凡扯上一些家长里短的事就瞬间变成了不辨是非的无知妇女。

女人的品位，不止体现在包包、鞋子、首饰上。站在她身边的男人，也难免有看走眼的时候。那又如何？一个女人的最高品位说到底还是一颗性感的、冷静的、智慧的、拎得清的大脑。

它比所有保险更能保障你一生平安。它比华服、香槟、好皮囊更能让你活得漂亮。那些拎得清的女人，才是真真正正的不畏将来不念过往，不与恶龙纠缠，不会凝视深渊太久。

愿我们不断进化，共同进步，最终都能成为这样的女人。

比老虎的利爪更伤人的，是人心

写这篇文章之前，其实我是犹豫了很久的。写得精妙绝伦也不赚吆喝不赚钱的，写得失于偏颇还要面临被某些不理智网友围攻的风险，怎么算都是个赔本买卖。

但是我始终记得我开这个公众号的初衷，就是把它当作一个日记本来记录我最真实的想法和我想要记录的生活。有句话说得很对，你拥有的东西最终会束缚你。

随着关注人数越来越多，我是否应该更加谨言慎行，不写存在争议的事件，不谈跟政治有关的话题？做个不谈国事，只谈风月的情感类、时尚类公众号当然是最安全的，管它腥风血雨还是春夏秋冬？

可是，因为害怕粉丝流失、恐惧网络暴力我就应该把想说的话咽下去，对我看不惯的社会现象装作视而不见吗？

我做不到。

这是一个有灵魂的公众号。

你们看到的 100 多篇原创文章，都是由一个有血有肉的灵魂一个字一个字敲出来的。

这就好像走了多远都不要忘记你的目的地一样，无论关注量有多少我也不想扔下我开公众号的初衷。今天我要写的这个观点，或许会被群起而攻，但是我不后悔。

我不是任何组织和机构的喉舌，也没有收到过任何组织及个人的钱来为谁"洗地"。我只想说点心里话，哪怕要跟 99% 观点相反的网友为敌。

我不想说服你们，也不想批判你们，我只想理智、平静、温柔地表达自己的观点。

最近的微博我真是越来越看不懂了，微博上的"舆论导向"和发言措辞让人一夜回到了新中国成立前。

只是，他们不再喊着口号挥舞着旗帜去批斗谁，逼着谁认错游街，而是用一个虚拟的身份躲在电脑屏幕背后，企图用鼠标对一个跟自己无冤无仇的人施以绞刑。他们以什么理由给人定罪呢？跟 50 年前一模一样：你不爱国，你反动，你不守规矩。

关于这种虚拟身份的"幕后黑手"，深受人民群众敬爱的老艺术家郭德纲老师也发表了自己的看法：

本来只是一个捕风捉影的无稽之谈，经过几十万人转发就变成了真理，变成了最终的判决书。所以呢？单独的荒谬言论是狗屁，庸众的无稽之谈就变真理了吗？你以为是幼儿园小朋友玩游戏，还搞少数服从多数那一套吗？

并不是"整个互联网"都在批判一件事，当事人就必定有罪。10万的转发跟中国上亿的网民基数相比又算得了什么呢？也并非"全国人民"都在反对，只是喜欢批判、抨击、置人于死地的"刁民"都是键盘侠，而大部分理智、冷静、客观的公民都没发声，仅此而已。

如果说社会的公序良俗、运转的规则掌握在少数不用真实姓名、不用真实头像、动不动就在网上代表正义、代表集体审判这个裁决那个的人手上。那还要公检法作甚？以后所有案子都放在网上，让网友裁决可好？

近日爆出的北京八达岭野生动物园老虎伤人事件（一死一伤）基本上全部舆论都在说不守规矩的受害者活该，她自作孽不可活。什么心疼老虎，老虎无辜，一夜之间还出了很多关于"如何防止被老虎袭击"的恶搞段子。

说实话，有点常识的人都知道这种情况下，老虎是不会"被处决"的。首先它是国家一级保护动物，其次它并没有兽性大发去袭击坐在车里的人。确确实实是游客把自己暴露在了极端危险的环境里，老虎作为一种充满兽性的食肉动物才做出了本能反应。

所以用不着你们心疼老虎，它大概以为是动物园加餐，根本意识不到发生了什么事，也不会因此而面临拘禁和枪毙。

但是这个"不守规矩"的女游客，却因此永远地失去了自己的母亲。她的整个下颌骨都被老虎咬掉了，整张脸面目全非，胸前的整块皮肤都被抓得血肉模糊，还要面临感染的风险。

她的丈夫和年幼的孩子目睹了这骇人的一幕，终生都会留下阴影。按照你们的说法，她不守规矩酿成大祸根本不值得同情，"母老虎"遇上真老虎险些丧命。

是的，她是整件事的始作俑者，自作了，也自受了，并没有让坐在电脑前骂她活该的人承担后果。然而这起悲剧的最终"受益者"是谁呢？是每一个高高挂起，津津乐道讨论此事的我们。

至少我们从血的教训里学会了：任何情况下，在野生动物园里都不能下车，四下无人的空车道也会悄无声息地冒出老虎。无论当事人"不知道自己仍在园内所以才下车"的说法是否属实，我们都意识到了，以后去园区参观的时候务必认真看标识，确定自己的准确位置。

昨天很多公众号都在发"遭遇野生动物袭击时的自救常识"。如果不是因为这件事，我大概永远都不知道"原来老虎是迄今为止袭击人致死数量最多的动物，豹子的侵略性要小很多。老虎会直接咬断猎物的脖子，而豹子则非常惧怕身材比自己高大的动物，一般不会主动袭击人类"。

坦白说，受害者母女是用鲜血和生命为全国人民上了一堂"预防野生动物袭击常识"科普课，以及把"野生动物园游览须知"

深深地印在了我们每个人的脑海中。说难听点，如果这一次不是她出事，下一次或许就是你出事。没有这件事，我们谁都不会有这么强烈的防范意识。

所以从这个角度而言，我对她和她过世的母亲是充满了感恩和同情的。将来我自己带着父母孩子游览的时候，也会更加重视安全问题，把车门车窗都紧锁起来，不会抱有一丝一毫的侥幸心理。

对于这件事，最让我不能理解的就是一边倒的网络舆论。几乎所有网民都觉得被害者自作孽不可活丝毫不值得同情。这个时候，还有看热闹不嫌事大的"热心网友"无凭无据地爆出："受伤女子是开车男的情妇，孩子是非婚生子女。""她是职业小三！还是个专业医闹！"

我不知道是恶毒的人在马路上容易被暴打，所以都跑去上网了，还是我们的网友都变得恶毒了。

我希望是第一种。

那些说受害者不守规矩所以活该遭此一报的人，你们从来没有闯过红灯吗？你们从来没有插过队吗？你们上地铁、进电梯每一次都会耐心地等待别人先走出来吗？

如果你们有这么高的素质和修养，绝对不会没事跑到网络上骂街！

换位思考一下，如果是你闯红灯被撞成高位截瘫了，你母亲被撞死了，全国网民都骂你活该，你怎么想？

"将心比心"这四个字知道怎么念吗?

无论如何,她都只是一个自己承担了严重后果的受害者,没理由承担这世上无缘由的怒火、嘲讽、戾气和恶意。

比老虎的利爪更伤人的,是人心!

近年来,我国国民经济迅速发展,国际地位显著提升。但是精神文明以及国民素质却一直停留在鲁迅先生所批判的那个年代。因为互联网的关系,恶人的数量跟罪行比那个年代还要多。

那些无处发泄的怒火跟戾气悉数发泄给了与你毫无关联的她他它。

整个网络环境乌烟瘴气,道德败坏,民智倒退,满目疮痍!

如果你是一个理智、客观、善良的人,我相信生活会善待你,你也不会有太多戾气需要通过网络发泄给"众矢之的"。

如果这个社会给了你太多的不公和打击,在网上骂完了,明天你还是要挤早上7点半的混杂着煎饼馃子味道的地铁。下了地铁再走两站路才能到公司,公司门口永远停着你邻座富二代同事的法拉利。

不随意评价他人，是一种很高级的性感

前几天我看新闻，最新编写的中小学心理教育课本把这样一段话纳入其中。

"选择不结婚是个人自由，人们无论选择结婚还是不结婚都是个人权利，都应该受到尊重。有些人选择单身生活是因为他们认为那样更适合自己，我们应该尊重这样的选择！"

看到之后我认为大部分成年人都应该回到小学去把这堂课给补上。

"你看她 30 岁了还不结婚，是不是有问题！"

"同性恋就是神经病，得去医院治疗！"

"硕士学历还不是在家带孩子，你读那么多书干吗？"

"她老公那么丑，绝对是他家里很有钱她才愿意嫁！"

我们的生活里，这样的声音还少吗？只要你的生活跟大众套路的价值观有一丁点出入，就会有大批八竿子打不着的人跳出来

用他们自己的一套标准价值观去衡量你，宛若一个个居委会大妈＋妇联主席。

现在很多女性都不懈追求少女感，花费大把时间精力保养皮服保持身材，研究穿衣打扮，力求做看不出年龄的女人。

只是一开口就破功！

有一次我跟闺密在某五星级酒店喝下午茶，旁边坐着三个妆容精致、穿搭优雅，且品位不俗的女人。

你看得出那绝对不是20出头的小姑娘，但却看不出人家实际年龄有多大。脸上没细纹，腰间没赘肉，但是一开口妥妥45岁中年妇女范儿啊！

A说她同学坚持做丁克就是给自己找借口，明明就是想要孩子生不出。B说她猜那个升职很迅速的同事绝对跟领导有一腿，C说很想把D介绍给E，又觉得D的家庭条件配不上E。

不是我耳朵尖非要偷听别人谈话，是她们的声音太大了响彻整个lobby bar啊！

这样的女人，你打扮得再高贵、保养得再年轻，在我眼里都是长舌妇欧巴桑。整天净是说长道短，毫无一点品位格局。特别是在公共场所大声说人闲话的，真的是够了。

为什么很多人把王菲奉为女神？除了特立独行、高冷寡言之外，她那副对任何人任何事都爱谁谁，事不关己高高挂起的态度简直太性感了有没有！

讲七大姑八大姨的闲话,爆料聊八卦,那是凡间妇女热衷的事!

你见过哪个喝露水的仙女会热衷于干涉别人的生活,打听琐碎的八卦?

我们用3年学会说话,却要用一辈子学会闭嘴。

特别是当你有发声渠道,站在舆论高地的时候仍然选择闭嘴。比方当年郎平离婚的时候,一石激起千层浪,各界纷纷猜测,众说纷纭。

记者采访她的时候,她只说了一句话:"请大家不要再追问我的离婚原因,因为我有很多发声渠道,而他没有,所以我说什么都对他不公平。"这句话足以体现了这个女人极高的道德修养以及宽容豁达的胸襟。

就像那些英国老牌绅士与情人分手以后,旁人问起缘由,他们会说:"一切以她的说法为准。"这种态度,已经赢了,谁是谁非早已不重要,高下立判!

如果说不随意评价陌生人的行为和生活选择是一种基本的礼貌,那么不评价自己身边的亲人、爱人、朋友就是一种更高级的克制,更加彰显修养和高贵人格!

比方尊重儿女职业选择的父母,尊重父母和平分手的儿女。三年抱俩和坚持丁克的表亲互相理解、彼此祝福,性取向不同的朋友彼此尊重。

这才是进化得更高级的人类。

纵观我周围那些年少有成的男男女女，他们的共同点就是把注意力高度集中在自己身上，对周围的一切，特别是人际关系和八卦新闻，都保持着一种麻木和疏离的态度。

就算你跟他分享任何人的八卦，他都是一种"哦，这样啊，这跟我并没有任何关系啊"的反应。

一开始你会觉得这种对人情世故很淡漠的人非常无趣，后来才发现他们并不是无趣，只是很早就懂得把有限的精力投注在最有意义最有产出的事情上。

所以我们都应该专注于耕耘自己的生活，而不是窥视、评价他人的生活。他好不好坏不坏跟你没关系，你不是上帝，也不是道德标准它本身。

有一种三观不正，叫作把自己的三观当成标准，天天评价别人三观不正。

三观这种东西，其实并没有正不正、歪不歪、好不好、坏不坏。

如果非要说什么叫三观正，我认为尊重跟自己不一样的三观，求同存异而不是排除异己才叫三观正！什么是和谐社会？不是每个人都发出同样的声音，而是 100 个人有 100 种声音，但是他们都捍卫彼此发声的权利，百家争鸣。

所以，就让我们顶着 whatever 脸，斜着 who cares 眼，牛气又专心致志地过好自己的人生吧！不随意评价他人，真的是一种很高级的性感！

洞悉人性才是解决一切问题的终极奥义

主任最近在追一部日剧，叫作《卖房子的女人》，讲的是一个名叫三轩家万智的大神级销售部主任的故事，三轩家这个名字听上去就很适合卖房子，有没有！

主演是我非常喜欢的一位女演员北川景子，从长相到身材她都高度符合我的审美！虽然在剧中为了搞笑，她全程面瘫脸没有一丝表情，肢体语言也很丰富，但还是阻挡不了她的美腻！真的太美了！

员工们都称三轩家主任为"三总"，我们三总的座右铭是："没有我卖不掉的房子！"每当她接下一个案子或者卖掉一套房子的时候，都会非常自信地说出这句："没有我卖不掉的房子！"

面对一些业务能力差、业绩一塌糊涂的员工，三总也会采取一些"非常手段"，例如，没收她的钥匙，完成任务前不许回家；把她绑在椅子上打电话预约客户，约不到不准松绑；等等。

三总最讨厌执行力差的员工，每次都要对着他们大声嚷嚷："Go！"以至于我看完这部剧，脑子里都是 go go go 的魔性回声……

那么，这个孤独又强势、全程面瘫又不近人情的女领导是如何让所有员工敬佩得五体投地的呢？

做销售的，归根结底就一句话：用你的业绩说话！

作为一个空降部队高管，三总是从其他房地产公司调到剧中这家公司做主管的。一开始，员工们都在传年轻漂亮的三总是他们社长的情妇。

"据说明天来的主任是个大美人。还有传闻说她是社长的情妇。"

（这部日剧是谁翻译的，翻得太好了。嗯，明天来的主任是个大美人，哈哈哈！）

可三总到公司报到的第一天，就没人怀疑这件事了。

还没等员工做完自我介绍，她就把每个人上个月的业绩一一报出来了，最后自我介绍，并且说出了自己上个月的业绩。

这个数字（上个月的销售额 1518 万日元）比其他所有人加起来还要高……讲真，这种女人真的不需要也不会去当什么社长的情妇，人家明明就是当社长的料！

我特意查了一下，这个 1518 万日元是佣金，是按照成交额（成交额应为 5.06 亿日元）的 3% 左右来计算，她上个月的业绩有 1518 万日元（合人民币 91 万多元）。那么，大神级销售是如何炼成的呢？主任带大家看看她是怎么卖房子的。

"房产中介是不用看地图的，不走主干道，专挑鲜为人知的小路，客人会认为，对这种小路都熟知的人，一定对房子周转非常熟悉，从而对中介事务所产生信赖，也会愿意去相信这样的人所说的话。"

在下属打开手机地图的时候，三总把他赶到了副驾上，紧接着说出了上面这番话。作为销售出身的我，深以为然！客户为什么会信赖你？很大一部分取决于你对于产品的熟悉程度、你的专业程度、你到底做了多少功课！

二手房销售最重要的就是对房源了如指掌，在任何一个地段你都可以做到不看地图就能在羊肠小道里穿梭，客户自然会相信你对周围的房源烂熟于胸，对你信赖有加！

"仅凭外表无法判断一个人有钱与否。"

对下属的"以貌取人"，三总也给出了以上一针见血的回答。我刚毕业那会儿也在门店工作过，接触过大量的陌生客户，所以要给三总这句话点一百个赞。

另外，除了不要以外表判断一个人的身价，你还要弄明白一行人里，谁才是最终拍板做决定并付钱的那个。在不冷落任何人的情况下，把 ta 搞定才是王道！

"结婚和买房子之间没有任何关系。不论男女，不婚族的人数在逐渐增加，单身人士在去往结婚这一终点的途中，向半吊子的人付与终身，这很不合理。为了自己，靠自己的力量购房，是一件很了不起又帅气的事情。"

三总之所以可以搞定形形色色的客户，归根结底是由于她超强的行动力再加上充分洞悉人性的能力。

她从来不会站在主观立场，或者按照社会普适价值观去评价任何一个人，而是设身处地站在客户的角度考虑问题，竭尽全力为他们排忧解难。一个永远从需求出发、善于解决问题的人怎么可能做不好业绩呢？

在员工"以己度人"的时候，三总也会咆哮着说："不要以无聊的常识和狭隘的价值观判断事物！"感觉在这样的人手下待两年，比读任何名校、进任何大企业都管用呢！

通过"卖房子"的故事，每一集的电视剧都剖析了一个当今日本社会比较普遍的社会现象。

"我已充分了解您的厌世心情。"这话是三总对着一个把自己套在纸箱子里不愿见人的男人说的。

这个男人由于在职场上遭遇了打击，心灵受到重创，把自己关在家里整整 20 年都不出门，由一个青年家里蹲，变成了一个中年家里蹲……

年迈的父母担心他们去世后，儿子没有生存能力，就打算把现在住的 4500 万的房子卖掉换成一个 2500 万的房子，然后把剩下的钱留给儿子。正好三总手里有两套相邻的房子，分别是2500万的跟2000万的。

她就说服二老，买下这两套房子，一套用于自住，另一套租出去保证儿子每个月都有固定收入。她明白，一个20年都没出过门的人早已跟社会脱节，几乎不可能再出门工作，所以面对一直劝说儿子出门工作的下属发出了上面那句咆哮。

最后，三总非常贴心地为这个家里蹲挑选了一个用于健身的房间，房间里甚至还有可以攀岩的墙壁，让他在家里待着的时候有点事做，至少有个健康的身体。老两口对于这样的安排也相当满意，连声道谢。

这个故事的结局是3年以后，这个家里蹲男人依靠在网络上连载他的家里蹲生活，成了一位知名网络作家……如果那时候她跟下属一样非要逼迫他出门，不仅房子卖不掉，效果也不一定好。

所以说，从狭隘的价值观里释放自己真的很重要！你的格局决定了你的结局！

卖房子给有外国人居住的家庭，三总会从民族文化层面去剖析房屋设计的内涵，让人不得不服！

面对任何问题，总能找到症结所在，并且以最快速有效的方法解决它！这就是金牌销售的特质！

她从不欺骗客户，也不奉承客户，反而总是一针见血地指出他们的问题，堪称销售界的金句女王！

除了面无表情地说出那些冰冷冷的金句，三总还是会非常热血地鼓励那些对生活失去希望的客户："重新站起来，重新活一遍！"

这种用理智的智慧帮你分析问题，再用感性的鼓励去温暖你的女人，谁不爱！关键还长得这么正点！我要是男人我绝对追她！

第一集里有一个桥段把我看哭了，说的是一对医生夫妇准备搬家，但是他们7岁的儿子不愿意搬离奶奶去世的房子，他相信奶奶还活着，不愿离开。

三总了解到这个情况后，自愿在夫妻通宵值班的夜晚跑去照顾了孩子一天。她亲自爬到树上把奶奶生前种的枇杷树移植了一株搬到新家，让新房子里有了奶奶的气息。

给孩子做完早餐后，三总还带他到父母工作的医院看妈妈刚刚接生的婴儿，并平静而又温和地对他说出了这段话：

"正因大家都会死去，现在还活着的人们，务必要跨越那道对逝者的追思，更加坚强地活下去！这种事，我不会因为你是小孩子就哄着你，你再哭逝者也不会复活。但死，是生存的延续，而不是败给了生存。"

"我想，你奶奶肯定是跨越了自己的死亡，才离开人世的……"

看到这里，我觉得三总像个活了1000年的妖精。对人生百态、人情世故如此练达通透，理智的言语下还渗透着一种悲悯的情怀，像一位饱经世事却仍旧保持着一颗赤子之心的智者。

所以，听主任分析了这么多，你get到大神级销售的精髓了吗？

看似她市侩又理智，每天都在强调：我的工作就是卖房子，我上个月多少业绩，这个月多少计划，房子是我卖的业绩，凭什么跟同事平分？

实际上她在帮助每一位客户寻觅一种最适合他们的生活方式，为客户一家修复各种家庭矛盾，为他们的人生开启了一道崭新的大门！

选择一所房子，实际上就是选择一种生活。房地产经纪人出售的不仅仅是一所房子，他们肩负着的是客户的整个人生！

能做到这一点，早已不是敬业勤勉这种最基础的问题了，这需要足够的格局以及对于人性强大的洞悉能力。这样才能使你拨开层层迷雾，透过现象看到本质，迅速找到问题的核心，解决它！

拧开那个所有人都拧不动的魔方！

父母干涉你的人生选择怎么办

情人节那天，我妈悄悄地跟我说："前几天你爸的朋友打电话说要给你介绍个男朋友，是个博士，在当医生，非要跟你见一面。"

我说："哦？是吗？那我爸怎么说的？"

我妈说："你爸摇摇头说，我根本搞不定她，我劝你也放弃吧，免得搞得人家小伙子下不来台。"

惹得我哈哈大笑，连忙说道："不要拒绝得这么彻底嘛！！万一人家很帅呢！再有这种事先让人家发张照片过来，听到没？！"

我一个下个月满27岁的单身女青年，催我谈恋爱结婚的都是八竿子打不着的吃瓜群众，我父母从未催过半句。我以为他们明面上不好说我其实背地里瞎着急，看我爸这个态度，其实背地里也不着急。

其实我挺诧异的，我知道我父母比较尊重我的生活方式和人生选择，但是没想到他们会放任自流到这种地步。但是仔细想想，这也是我多年抗争的结果。

自打开这个公众号以来，就有很多读者问过我同一个问题："父母干涉我的人生选择怎么办？他们逼我读我不喜欢的专业，给我找我没兴趣的工作，逼我见聊不来的相亲对象，我到底应该如何摆脱这一切？"

今天主任就来讲讲自己过去 5 年的经历，这完全就是一部和父母博弈的血泪史。我是学金融的，刚进学校父母就找好了关系让我毕业去银行。

如果我去了，就没有今天的柳主任了。或许我会在银行里混到一个不上不下的职位，找个不冷不热的老公，过着庸常无趣的生活。

也许你会说，我这种性格和三观到哪里都不会变成一个庸常无趣的人，但是不要忘记了，每个在集体里待太久的人都会慢慢磨掉个性，被环境同化。

那些个性鲜明又自我意识强烈的人是不容易被集体所容纳的，他们本身也不愿意融入集体。

所以无论你本身性格如何，三观如何，只要在集体里待得足够久，一定会变成千篇一律的面孔。

我有很多同学都在银行工作，一开始他们比我还要桀骜不驯，没有几年光景，个个都是中年国企老干部的精神面貌。

所以父母安排的工作不想做怎么办？很简单，无论你有多大的鸿鹄之志，首先你得养活自己！你爸说："我给你安排的工作，你明天去面试。"你前脚说你不想去，后脚找他要钱，你觉得合适吗？

至少不做伸手阶级，你才有谈判的权利。

所以无论是存钱也好，打工也罢，你必须存一笔"去你的基金"，有一笔足够养活自己数月的存款，这样你才有资格对一切你不愿意做的事 say no。

而我大二就经济独立了，所以当我说我不去银行的时候，我爸妈一句废话都没说，他们知道说了也没用，根本没有要挟我的筹码。

其实父母管教孩子的方法普遍比较简单粗暴，无非就是精神控制＋经济封锁。只要你能养活自己，不找他们要钱，他们基本没什么机会强迫你做你不愿意做的事。

弱国无外交，这五个字适用于任何一段人际关系，请谨记。

后来我找到了自己感兴趣的工作，我妈很支持我，我爸却炸毛了。他俩吵了一架，我妈跟我说我爸因为她支持我要跟她离婚……

所以说男人就是很幼稚啊，到了五六十岁都很幼稚！

一旦发现这个地球不是围着他们转动，就很失落！一旦发现家人跟自己不是一条心，就很绝望！一旦发现自己在家没威信，就很抓狂，有没有？

但是这毛病不能惯，越惯越严重，我跟你说。

所以我自己买了机票，收拾好行李，临走的前一天我非常心平气和地跟我爸说：

"我已经决定的事不可能改变，你要跟我妈离婚的话也别赖到我头上。我都这么大了，你们离不离我也无所谓。要真离，我陪你们把手续办了我再走。不离就别说这种幼稚的话，一起送我去机场。"

我爸明显是被我震慑到了，就乖乖送我去机场了，再也没提离婚的事。可能有那么一瞬间，父母终于意识到你再也不是一个小孩了，而是一个有独立意识不受控制的大人。

我想，对我爸而言，那个瞬间就是那时。

往前推两年，我想去英国交换读书时，我爸心平气和地说了一句："你去啊，你想去哪里读书都行，我是不会给你交学费的。"我爸确实没什么望子成龙或者使劲栽培我的思想，他就是想把我留在身边。

我常常在想，如果当时我去英国了现在会怎样，或许比现在更好，又或许沦为了一个找不到工作的野鸡大学的海归。

可是人生没有如果，只有结果和后果。

今年我去美国，也有咨询 EMBA 课程的事。如今我完全负担得起自己的学费和生活费，但是我已经没有充足的时间用来念书了。我也会羡慕我那些高考完就被送出国的同学，我觉得他们的父母更有长远的教育眼光。

但是我并不怨恨我爸当初的决定，我总觉得，如果你是金子在任何环境下都会发光的。如果你不是，把你丢到金库你也是块石头。

或许就是当年憋着一口气，这些年我才会如此努力。我不想为五斗米折腰，不想在金钱上受制于任何人。如果我父母对我的一切要求都无条件满足，或许我现在还是个啃老族。

父母的决定自有他们的道理，由于受到时代和眼光的局限，也自有他们的短板和失策。

但是我始终告诉自己：生命里发生的每一件事，我都当它是来祝福我的。

不要把自己如今的失败归咎于父母错误的决定。他们只有义务养你到 18 岁，你之后的所有人生，是苦是甜必须由你自己负责！

去年我买车的时候，我爸看中了另外一台奔驰的 SUV，就一直嘟囔着让我买那一台，说我选的两门轿跑不实用还贵。我妈面无表情地说："你拉倒吧，她自己出钱，爱买啥买啥。"

我跟爸爸说："我一眼就看中它了，你喜欢的 SUV 我明年送给你好吗？"

我爸立刻眉开眼笑，就像当天就要提车一样。

其实父母也很好哄的，看着你把自己的生活过好，事业做好，他们就很心满意足了。你再时不时送点礼物表示表示，即使没有立刻兑现，他们都会非常开心。

所以说，工作方面你不想走父母安排的路其实很简单，就是把你自己安排的那条路走好！不要管他们是否看好你，或者是否理解你的职业！你做出成绩了，他们自然看好了也理解了！

我刚开通公众号的时候，正好是去年过年的时候。来家里拜年的叔叔阿姨问起我的工作，我爸的回答就三个字：个体户。今年却已经改口为："我女儿是作家。"

所以你真的不需要跟他们解释什么，just do it，让他们看到结果就是最好的解释。

说完了工作再说感情，感情方面无非就是很多人害怕父母逼婚，也抗拒父母安排的相亲。其实这很简单，要么你自己找个靠谱对象，要么用钱堵住他们的嘴。

我很喜欢燕公子，一个生于 1979 年还没结婚的网红。我记得她在微博上写过，每年回家过年她妈妈都疯狂逼婚，一会儿痛哭流涕地说她不孝顺，一会儿在各种亲戚朋友面前批斗她。

直到有一年，她给妈妈包了 10 万块的红包，那年春节她妈妈不仅什么也没说，还跟所有亲戚邻居炫耀，她几乎成了全小区的模范子女……

用我的话来讲就是花钱买peace，其实你给再多钱他们也是替你存起来了，绝对不会拿去挥霍。

只是这个行为代表了三层意思：

你很孝顺，对父母很舍得；

你有良好的储蓄习惯，虽然单身但不是一只月光单身狗；

你没结婚的原因是工作太忙碌，没时间谈婚论嫁。

我觉得有件事我们的误解很大，其实父母未必一定要逼我们结婚生子，特别是90后的父母。

他们只是希望我们拥有一个美满丰富的人生。在大多数父母的心里，结婚才是达成美满丰富的必由之路，所以他们才会逼你结婚。

但是当你事业有成，身体健康，积极乐观，呼朋引伴，气色好、身材好的时候，同样是一种丰富美满。

相反，当你一无所长地困顿于一场一无所有的婚姻里，他们反而更担心！

所以父母要的并不是结婚生子，而是你真正的幸福美满！当你的人生美好而又丰盛的时候，父母自然不会觉得婚姻才是拯救你的最后一根稻草。

因为你的人生好得很，根本不需要谁来拯救！

最后主任想分享我看过的一个视频：一个节目采访了几对父女。记者先问女儿，如果你爸爸知道你未婚先孕，你猜他会怎么办？然后问爸爸同样的问题，录下爸爸的回答，再放给女儿看。

结果每个女儿都哭了。因为她们都觉得爸爸会非常愤怒，有一个甚至说她估计爸爸会一脚把她踢流产……结果每个爸爸都说："我尊重我女儿的决定，她要生我就给她养，她不生我就去医院照顾她……"

看到这里，连铁石心肠的我都泪流满面了。

也许从小父母对我们很严厉，所以我们对父母的误解很深。其实他们并没有我们认为的那样专横、跋扈、独断专行。有时候他们只是不懂得沟通，也不确定我们想要什么，更害怕我们走了弯路，受到伤害。

所以他们选择用他们认为正确的方式教育我们，用他们有把握的道路约束我们。可能语言过激，也许行为不妥。

但是你要相信，这个世界上没有人比他们更爱你。

每一个父母都难免干涉孩子的某些人生选择，你并不需要暴跳如雷地证明他们是错的，或许你可以心平气和地用结果证明，自己是对的。

那些喜欢诉苦的人，他们大概会一直苦下去

不知大家身边有没有那种特别喜欢诉苦的人？主任身边就有一个特别热爱诉苦的姑娘——小溪。小溪是我的大学同学，一张人畜无害的脸庞，迎风飘扬的乌黑长发，看外表绝对是一个很招人喜爱的姑娘，但同寝室的姑娘们却都不怎么喜欢她。

刚开学的时候集体军训，我当年还是个没有被社会折磨过的小公主，自然是不愿意每天日晒雨淋。但是我从未跟同学们抱怨过一句，因为大家都很辛苦，没有谁比谁容易。我也没有求助于父母帮我弄病假条，因为欠任何"人情"都是要还的，在这件事上别人帮了你，在那件事上就会要求你或者约束你，包括父母在内。所以前两周我刻苦训练，跟教官和辅导员搞好关系，后两周在辅导员的默许下，偷偷地溜回了家去"养病"。

我走的时候大家关系还挺融洽，十一假期结束返校，我感觉姑娘们都不太爱搭理小溪了。有一次在食堂吃饭，小溪寝室里的

另外三个姑娘就坐在我旁边。A说："我们不叫小溪一起吃饭会不会不太好？"B说："她来了我们就都吃不下去了，一会儿说什么菜里面可能有老鼠，一会儿说餐盘洗得不干净，一会儿说什么菜和什么菜放一起容易引起食物中毒。每次跟她吃饭，我都从未吃完过，因为实在是吃不下去。"C说："要不我们给她带瓶酸奶回去吧，不喊她吃饭，回寝室又要被她抱怨一通，中午都没法儿安心睡午觉了！"

听到这里我大概明白小溪为什么不受欢迎了，因为她实在太喜欢抱怨和诉苦了。军训的时候，大家都顶着烈日走正步，晚上还得洗衣服。从没过过集体生活的我们，自然免不了抱怨两句。但只有她，从第一天到半个月后都还在抱怨。大家听够了抱怨，没有人搭腔，她依然能够自说自话地抱怨。

由于体育课我跟小溪选的一样的课程，一起去上课的时候她常常跟我聊天。聊天的内容，也基本都在抱怨，如："我好羡慕你啊，你爸爸每周都来接你，我爸从不来接我。你男朋友总来学校看你，我男朋友一个月都不会来一次。我怎么这么可怜啊！"

殊不知，她爸不来接她是因为她爸管理着一个庞大的公司，经常出差。在那个大家普遍坐公交出行的学生时代，小溪去哪儿都是打车。我男朋友的学校跟我离得近，她男朋友的学校都不在武汉市……人家过来一趟跟旅游似的，学业又非常紧张，每个月都拎着一大箱零食来看她已经很不容易了。

但是，她似乎从未觉察到自己所拥有的幸福，眼睛里只盯着生活缺失的部分，那份任何人都无法拥有的完美。久而久之，大家就不爱跟她相处了。更糟糕的是，有些同学不仅觉得她娇情爱抱怨，甚至觉得她在变相地炫耀。炫耀自己娇生惯养，炫耀自己家境殷实，炫耀疼爱自己的男朋友。可见抱怨不仅会带来隔膜，还会带来误解和偏见。

　　毕业后，我跟小溪几乎断了联系。直到去年，她结婚的时候找我买红酒，才加上微信。多年未见，小溪仍是一点儿都没变。翻开她的朋友圈，不是在抱怨老公没时间陪她，就是在抱怨同事难相处，还有吐槽婆婆做饭不好吃；甚至在武汉最好的酒店举行婚礼，她都还要抱怨自己不是酒店当天接待的唯一新娘。其实小溪的生活本不缺少什么，甚至比很多人都要过得好。但她对眼前的一切似乎都不满意，总是牢骚满腹，怨天尤人。

　　最近听说小溪正在办离婚，个中原因我们不得而知。大概是没男人可以忍受一个无论如何都不会满意自己的老婆。他们所追求的认同感、崇拜感，到她那儿一股脑全变成了挫败感，试问谁受得了？但我衷心希望他能再给小溪一次机会，她若真离婚了，又该天天诉苦了！

　　那些爱抱怨的人大多不是为了得到一个解决问题的方案，而是纯粹喜欢抱怨而已。那些喜欢诉苦的人，往往也不是真苦，只是为了博得他人的关注、关爱甚至是同情。那些真正品尝过痛苦滋味的人，往往是沉默以对生活的种种浩劫。

蔓廷就是一个典型的例子，她是我客户店里的一个小女孩儿。她只身一人从外地来武汉读书，还没毕业的时候就在店里打工了。在大家毕业即失业的时候，她已经在这家葡萄酒旗舰店工作一年了。我每次去店里的时候，都能看到她忙碌的身影。老板不在的时候，别的店员大多低头玩儿手机，她不是在盘点库存，就是在倒腾陈列，再要么就是热情地给客户做推荐。我每次看到她，就像看到了当年的自己。久而久之，自然与她亲近了一些。

有时候她会跟我讲她们镇上的故事，也会向我请教一些葡萄酒的知识，还会跟我讨论送妈妈什么礼物最好，但是她从未提过自己的父亲。很久以后我才得知，蔓廷 10 岁时，她父亲就去世了。蔓廷的母亲也很快改嫁了，嫁到相邻的镇子上，又生了一个儿子。

蔓廷从小跟着爷爷奶奶长大，唯一的梦想就是考到城里来，好好读书好好赚钱，报答老人的养育之恩。虽说母亲改嫁后，一年也难见到两面，但是蔓廷的学费和生活费都是由母亲在负担，所以每年母亲节和妈妈的生日她都会寄礼物回去。

蔓廷的经历让我感动落泪，我曾以为她跟我一样，是出于喜爱才做这个行业。没想到这个 1994 年生的姑娘，经历过这么多我不曾想象的苦。她每天都积极生活，努力工作，笑得灿烂。如果不是我主动问起，也许她永远都不会把这些年的经历告诉我。

一年多了，她的老板、同事都只看到她努力工作的身影，却不知道这份努力背后的艰辛。也许别人若是混日子、销量差，只是会过着空虚无聊、得过且过的生活，但她却直接面临着交不起房租、吃不上饭、无法在这个城市立足的现实问题。所以她每天来得最早、走得最晚，工作最拼，一刻也不敢停歇。她的悲惨经历确实让人心疼不已，但是她从不用这些博得同情，这正是我最欣赏、喜欢她的地方。

不像一些选秀歌手，一上来先眼巴巴地望着评委哭一通，再诉说一下自己从小到大的悲惨经历，渲染一下自己身残志坚的高贵品格，再要么就是讲述一下自己抗癌3年的心路历程。真搞不懂这是在选秀还是在选惨。真不是我缺乏同情心，我同情所有父母早逝、穷困潦倒、罹患癌症、感情受挫的人。

但是，我讨厌任何人过度消费我的同情心。你父母早逝并不能弥补你唱歌跑调的问题，你罹患癌症也并不意味着今天不让你通关的评委都缺乏同情心。永远都要记住，没有人会为了你的悲惨买单，人们只会为了你的能力买单。

我最喜欢什么样的选手呢？大概是那些一开口就唱歌，唱完了就下台，不说一句废话，只凭实力说话；不用悲惨经历消费观众眼泪，只用完美歌喉征服评委耳朵的人。悲惨经历，只能作为实力已经获得认可之后的加分素材，而不能作为弥补各种实力不足的补充材料。那些一上来就说自己穷困潦倒的选秀歌手，他们大概会潦倒一辈子。

什么样的人最爱诉苦呢？祥林嫂那样的琐碎的、愚昧的无知妇女最爱诉苦。什么样的人需要被同情？弱者才需要被同情！生活的强者总是小心翼翼地藏好每一处伤口和瘀青，生怕别人同情的目光灼伤自己高高在上的自尊心。祥林嫂的结局是什么呢？鲁迅写道："她精神萎靡，被赶出去当了乞丐。在一个祝福之夜，她死在了漫天风雪中。"同情的作用又是什么呢？别人大概会因为心生同情，帮助或者原谅你一两次。但最终会漠视你、躲避你，甚至远离你。

听说小溪因为个人问题影响工作被老板开除了，丈夫因无法忍受她的抱怨和纠缠，与她分居了。而蔓廷，由于工作表现优异，已经升为店长，月入过万。这两个自身条件千差万别的姑娘，因为性格原因最终过上了她们不曾想象的生活。只不过一个比想象中要差很多，一个比想象中要好很多。

生活中有苦有甜是标配，然而喜欢诉苦的人通常只愿意品尝甜，不愿意吞下苦，并且在尝到甜头的时候从不感恩生活的美好，从不分享生命的喜悦，从不带给旁人乐观正能量，他们觉得那是自己应得的。遇到一丁点儿苦就开始各种委屈，各种抱怨，各种诉苦。仿佛全世界都应该停下手头的所有事听他诉苦，给他安慰，替他分忧。凭什么？这个世界欠你吗？他们信奉"爱哭的孩子有奶吃"的原则，整天有事没事就一顿哭。爱哭的孩子是不是都有奶吃我不清楚，但是爱哭的大人是真的挺讨人厌的。

那些四处诉苦、索要同情的人，他们周身都笼罩着一圈巨大的负能量磁场，让每一个靠近他的人都感到压抑、憋屈甚至是痛苦。久而久之，就会产生类似于"你惨全世界都得让着你吗？你穷是我导致的吗？你失业了你就有理了是吗？你被甩了我要负全责吗？"这样的内心呐喊。所以那些被诉苦的对象，就会逐渐远离这些爱诉苦的人。爱诉苦的人无人可诉，又缺乏独自消化负能量的能力，心里只会更苦，于是就产生了一个经典表情包：宝宝委屈，但是宝宝不说。

　　我听说过一个故事，有一只猴子不小心受了伤。伤口不算严重，但是受伤的猴子每看到一只猴子经过，都会扒开伤口给它看："喏，我受伤了，我好可怜。"于是还没回到山洞里，受伤的猴子就死掉了。因为反复扒开伤口的过程，使它失血过多，伤口感染。

　　所以说，如果你只是爱抱怨，请你闭上不停抱怨的嘴巴，因为这样真的不讨人喜欢。如果你真的受伤了，也不要反复扒开伤口给人看，每扒一次都痛一次，每痛一次，都是伤害。多伤害一次，就离伤口愈合更远了一些。亲爱的姑娘，你要学着做一个不动声色的大人了。我知道成长过程中有很多委屈，生活中也有很多挫磨，但是我们都要学会默默承受，独自消化。这是一个成年人处理负面情绪所应该具备的正确解决方式。

　　拼命忍住眼角的泪水不让它打湿脸颊，同时还挤出一丝倔强的微笑。这样的姑娘是真的比那些动辄号啕大哭的老娘们儿让人心疼一百倍，好吗？！所以就算"诉苦"也请用正确的方式适当诉苦，才能在不引起他人反感的前提下得到帮助和同情。例如，幽默的吐槽，娇嗔的埋怨，睿智的自嘲，这些都比无休止又无意义的抱怨、诉苦要好太多！但是尽量不诉苦，尽量闭嘴。就像我经常告诫自己的一句话：我要过得好，不要同情票！

　　凡尘即是苦，吃苦，化苦，不言苦。其中，不言苦，最是修行。反观那些喜欢诉苦的人，他们大概会一直苦下去。

月薪六位数，我竟然被老家亲戚狠狠地同情了一把

前段时间闺密跟我吐槽，说她跟几个高中同学一起带娃旅行时，同学对她教育孩子的方式提出了严重质疑，她是遵循儿童教育书籍及相关培训课程，并结合孩子的实际情况教育小孩的。

她的几个高中同学，都是大学没毕业就结婚生子，一天班没上过的全职太太，有的也有二胎了。她们对待孩子的方式是一方面比较溺爱，另一方面又希望孩子循规蹈矩，不要太有个性，成长为长辈眼里的模范小孩。

这样一来，对我闺密教育孩子的方式，以及她孩子"有自我认知能力，言行举止超越了她所处年龄范畴"等特点提出了强烈质疑，并且整个旅行都在质疑这些问题。

闺密一方面心情很不爽，一方面又开始自我怀疑："难道我真的是一个失败的母亲，教出了一个失败的孩子？"

她非常困惑，又不好直接跟朋友发作，于是打电话求助于我。

我什么也没说，跟她讲了清明节给我奶奶上坟的时候发生的一件小事。

我们一家三口都是在武汉出生的，没有所谓的"老家"。除了已经过世的奶奶按照她的遗嘱被安葬在她的老家——一个武汉周边的小镇以外，我所有亲戚都在武汉。大家的家庭状况相差不大，思想观念也比较接近，所以，一直以来，每每听人吐槽老家亲戚，我是真的没什么共鸣。

那次回奶奶的老家——那个小镇上给她上坟，我才切实地感受到了一次来自老家亲戚的同情。

可是我一点也不生气，反而有些同情对方。

我与爸爸一行到了小镇后，首先到了一个远房表叔的家里。我记得，我很小的时候表叔还很年轻，常常带着土鸡蛋和麦芽糖来武汉看望我们，后来他结婚生子了就开始为养家糊口而奔波，便很少过来了。

那天表叔不在，只剩素未谋面的婶婶以及他们刚上初一的儿子在家。

我们刚到的时候，婶婶正坐在门口处理一条鲫鱼，看到我们来了连忙招呼儿子倒茶。这个刚读初中的孩子比较腼腆，话语不多，再加上和我们并不熟悉，倒了茶便跑回房间了。

我爸和婶婶聊了聊家常，问了问孩子将来的打算。婶婶说学习一般，准备在镇上读个高中，毕业后去武汉学个手艺，然后拜托我爸给找个工作。

老家的孩子基本上都是这条出路，成绩好的就是大学毕业了让我们安排工作，成绩差的就是学个手艺让我们安排工作。父母对于工资、职业前景之类的并没有什么要求。

唯一让他们两眼发光的，就是国企、事业单位这种所谓的"铁饭碗"。

可是众所周知，现在哪里还有什么铁饭碗？没有哪个单位会收容你一辈子，也没有什么裙带关系可以庇佑你这一生，只有自己的真本事可以保你一生一世吃得上饭，也吃得饱饭，想吃什么吃什么。

这才是你此生唯一的铁饭碗。

聊完了她的孩子，婶婶开始关切地询问我的生活。

"看样子应该刚刚毕业吧？你爸给你安排工作了吗？"

我茫然地看着她，不知道怎么回答才好。

我爸接茬道："毕业5年了，现在自己在做事。"

婶婶不可思议地看了我一眼，放下手里的鲫鱼，皱着眉头问我："那成家了吗？女孩到了这个年纪真的要抓紧了，我这么大的时候儿子都上幼儿园了。"

我沉默，我爸赶紧岔开话题。

我婶非常同情地望了我一眼，用一种看待小镇上一穷二白还怀着遗腹子的年轻寡妇那样的眼神。

讲真，长这么大，我也看到过很多望向自己的眼神。友善的，妒忌的，不屑的，崇拜的，愤怒的，欣赏的。

唯独没有看到过的，就是同情的眼神。

那种感觉，真的难以形容。按照我的个性，第一反应应该是"没毛病吧？你竟然同情我？你有什么资格同情我？我哪一点不是以压倒性的胜利碾轧你？你是脑子坏掉了吧？"

但是在面对这种同情眼神的时候，相信我，你真的不会愤怒，反而会有一种对于她狭隘认知的同情，以及导致她狭隘认知的所处生活环境，以及她不仅无法改变这种环境还要把这种认知糟粕传递给下一代的悲悯。

一个生长在小镇、文化程度不高的村妇，在她的认知里，没有自主创业，也不懂什么网红自媒体。所以我这种"没有工作单位"的人在她眼里就是风餐露宿，饥一顿饱一顿，没有任何前途可言。

结合她的自身经历以及她所处的生活圈子，一个27岁还没结婚的姑娘就是很可怜，很值得同情，会被整个小镇所诟病。

所以她对我的同情，合情合理，有理有据，并且是带着一丝来自亲人的关爱和担忧，而不是对于陌生"潦倒剩女"的鄙夷。

她的所有反应都是真实的，也都受限于她的认知水平。而她的认知水平，是她的出生地点和成长环境所共同决定的。

所以，她又有什么错呢？我又有什么资格去责怪她呢？那一刻，我只是对于她的儿子——我的远房表弟充满了同情。

小小年纪，还未形成鲜明的三观，尚未发掘心中的梦想，今后的人生就被有着严重认知短板的父母早早地规划好了。

除非成绩优异，考上了好的大学，在新环境的浸染下培养出了新观念来取代父母灌输的旧观念，否则，这一生，已然是看得到头的平庸与荒芜。

可是，他分明还是个 13 岁的孩子。

我叹了口气，看了看坐在沙发上打手机游戏的他，在心中默默祝福了他。

如果你的梦想就是找个事业单位拿着死工资安稳过一生，这没有任何问题。可是有问题的是当你还不确定长大后该干吗、你喜欢干吗、你可以干吗的时候，你的人生就被鼠目寸光的父母规划好了。

一旦你没有跳脱阶级局限性的实力（大多数人都没有），就会不可避免地滑向父母给你规划好的那种人生，并且把这种狭隘认知传递给你的下一代，世世代代平庸下去。

这才是最无奈、最令人同情的。

刚刚婶婶询问我的职业，我爸潦草地说了句"自己干"。她也没有兴趣多问一句"是干什么行业，具体做哪些事，收入状况如何"等等，而是立刻就在心里给我下了一张穷困潦倒、前途未卜的判决书，甚至可能还恶狠狠地暗自发誓，一定不要让自己的孩子走上我的道路。

殊不知，我"不稳定"的工作，已经给我带来了非常稳定的月入六位数的收入。找我爸安排工作，还真的未必有直接找我管用。她想让儿子进的那家国企、那个岗位，目前的月薪还没有我淘宝店的客服高。

但是我永远不会对她说这些话。

首先，说了她也未必相信。其次，摧毁一个中年人的三观只会令其陷入无尽的焦虑和自我怀疑，实在是毫无必要。

所以我也只能低下头，吞下这份同情。

我跟闺密分享这件事，是为了让她明白，是认知短板决定了她们对你教育孩子的方式指手画脚。这本身就是无法逾越的障碍，这并不是你的问题，也不是她们的问题。

反而她们会当面指出这些问题，是出于对你和孩子的关心。你也没有必要强行灌输你从书本上学到的儿童教育理论给她们，她们既不感兴趣也不会照做。

大家约法三章，好好旅行，不要干涉对方教育小孩的方式就是你们最好、最舒服的相处方式了。

哪有那么多三观高度一致、我一个眼神你就懂的朋友？能做到求同存异，互不渗透，不妒忌，不作恶，懂得换位思考，包容体谅，拥有这样的朋友已是万幸。

"你看我月薪六位数依然要被老家的亲戚同情，你带孩子的方式被同学质疑两句怎么了？我们这种女人不总是要对来自社会的非议多一点担待的吗？蜘蛛侠说过，能力越大，责任越大！你忘了吗？"

闺密满意地挂了电话。

每个人的认知水平都受限于受教育程度和阶级属性，所以永远不要去责怪那些不理解你、同情你甚至鄙视你的人。要知道，他们才是比较可怜的那一个。

而我们要做的，是不断打破认知障碍的壁垒，不断更新知识结构，提高认知水平。不要让认知短板早早地出现在自己身上，从而关闭了对新兴事物理解和学习的通道。

上升通道从来都不曾关闭，月薪六位数也并非遥不可及。只是受制于低下狭隘的认知水平，永远看不到趋势从而找不到方向的人，这一生，怕是错过了。

承认吧，有些气质只有钱能给你

很遗憾，我天生自带一种烧钱的特异功能。

在我年纪尚小没有任何品牌意识的时候，我的表姐常常会拿出一本时尚杂志问我哪个包包最好看，无论她问我多少次，我选的都是香奈儿跟爱马仕。

那年我 13 岁，她 20 岁。我不认识香奈儿，她买不起爱马仕。

转眼十几年过去了，如今 26 岁的我开始买 13 岁时不认识的牌子，然而 33 岁的她已经买够了。很久不买奢侈品的她有了更大的人生目标：加入洛杉矶一个去过 100 个国家才能申请的旅行俱乐部。

到目前为止，她已经去过快 50 个了。不是那些粗制滥造的跟团欧洲 11 国游，而是自己买机票做攻略跟当地人交朋友，一住就是小半个月的深度游，并且很多地方她会反复去好几次。

昨天看她发了这样一条朋友圈：

酒店的司机告诉我,他存了10年的钱了,人生最大的梦想是去澳洲旅行;

16岁的行李员把我30公斤的行李扛在她瘦弱的肩膀上,笑着对我说他最大的梦想是买台电脑;

酒吧的舞台上那位唱着Pop rock曲风的摇滚歌手,他和我说他最大的梦想是可以去雅加达唱歌;

我不小心摔倒在淤泥里,不知所措时,一位阿姨拉着我的手,带我去她家帮我清洗……

这次给的小费和旅行花的钱一样多了,我很开心,虽然不能改变他们的命运,可是希望他们能够离自己的梦想更近一点!

并且配上了一张美丽的背影照,我欣赏她不是因为那一柜子名牌包或者环游世界的经历。而是年纪轻轻就挣到了拥有这些的资本以及对陌生人的慷慨和善意。

这让我想起,在纽约常常会看到一些满身名牌、金光闪闪、浓妆艳抹的留学生吃饭的时候非常小气,给服务生的小费也无比吝啬。

说真的,这种行为被她们精致的妆容和限量版的首饰反衬得异常粗鄙。

我并不是在讽刺年轻姑娘们用的是假名牌,或者说她们把生活费都用来买奢侈品了,所以过得紧巴巴的不得不租黑人区800美元的房子,从小费里抠抠索索地省下饭钱。

而是，她们不禁让我思考：我们化妆打扮是为了什么？我们买名牌是为了什么？我们不远千山万水跑到纽约学习工作又是为了什么？

难道不是变得更美好更有气质吗？难道不是让生活更有质感更体面吗？

毕竟我们花出去的每一分钱，都是一笔学费：向这个世界学习如何更加优雅而体面。

如果把钱都花在衣服、包包这些身外物上，然后生活得像个糙汉子一样，又如何优雅体面得起来呢？

我欣赏的从来都不是那些满身名牌的姑娘，而是读万卷书、行万里路，阅人无数又始终保持温厚纯良的美好灵魂。

她们只用适合自己的护肤品，并不刻意追求 lamer 跟莱伯妮。她们有着永远清爽整洁的发丝，明亮温情的双眸以及修剪得精致整洁的指甲。即使素面朝天、马尾辫、运动鞋也自带 hold 住全场的女王气场。

小姑娘们化了两小时的妆，做了一小时的头发，戴好全套宝格丽，手拿最新款 LV，蹬上一双闪闪发光的 Jimmy Choo，出门不忘喷上 Tom Ford 黑兰花，结果还没开口就输了。

这就像明星街拍一样，有些明星永远夸张大 logo、非复古香奈儿不背。你永远看不出王菲、张曼玉、刘嘉玲穿的什么牌子的衣服，拿得什么牌子的包。总之就是高级！就是自带气场！就是巨星！

可是这就好像《西游·伏妖篇》里吴亦凡饰演的唐僧说的那句话："有过执着，才能放下执着。"

那些美而不刻意的、精致却不造作的女神，也是从虚荣盲目、欲壑难填这条路，走到今天的超凡脱俗、自成一派的，不是吗？

这正应了我最近读到的一句话："何为贵气？就是一种欲望被满足后的倦怠感。"

通俗来讲就是见过世面，赚够了钱，买名牌已经戳不到兴趣点了。于是开始返璞归真，自带一种淡然处世的恬静气质。还在奋斗的小姑娘都是一副成天打鸡血的朝气勃勃，而功成名就的姐姐则满眼尽是丧丧的疏离感。

好像对什么都毫不在意，没啥攀比心，也不想置身于任何一场无聊的较量中。

因为她们不自卑，不露怯，心中自有一根定海神针，方能优雅从容，宠辱不惊。

然而这种气质，那些拿附属卡刷爱马仕的姑娘是永远不会有的。

所以，化妆品跟名牌堆起来的姑娘很漂亮，但是很遗憾，一般都没啥气质。那种淡定又疏离的贵气从何而来？真的只有赚更多钱才能给你！

有钱是一种底气，自己会赚无求于人是一种更大的底气！

啊！多么痛的领悟！

前两天我法国的代购发微信说："姐，你去年看中但是一直买不到的那只包现在有货了，我还能拿到折扣！下手吗？"我说："不买了，今年的我不再需要去年那只包来帮衬了。我比去年更有底气了，谢谢你一直留意我嘱咐的事。"

我还没有进化成那些淡然优雅、自带定海神针的姐姐，但是我在努力变成她们的路上。包包还是要买，只是不再迷恋任何品牌和限量版，只是纯粹的喜欢和欣赏。

我不止一次地说过，一个女人一生中可以拥有的最昂贵的奢侈品和最重要的品牌是你自己。这个品牌是奢华还是粗鄙，是高定还是亲民，完全取决于你自己的个人定位以及努力程度。

以前我会花很多时间研究哪个国家买哪些牌子划算、如何找到一个靠谱的代购等等。然而现在我已经完全不在意这些事了，把时间花在值得的地方，例如好好工作赚钱，然后喜欢什么自己去专柜买。

哪怕单价贵一点，但是你的时间成本更值钱。

如果有些气质只有金钱可以给你，那就闭上嘴巴撸起袖子好好工作吧！奋斗的路上有主任陪着你，一点儿都不寂寞！

别让自己活在谁的期待里

前几天大学同学 Tina 约我喝下午茶，一落座便愁眉苦脸地对我说："我觉得自己活得好失败，周围的人都不喜欢我。在单位总被同事当作异类，男朋友也常常对我指手画脚，包括他的家人也会对我的很多方面提出质疑。"

"我是不是真的好失败，才会被所有人嫌弃？"

事实上 Tina 是一个温柔大方、勤勉上进的好姑娘，也是很多人眼里的"女孩子的标准模板"——大学毕业就考上了公务员，随后又读了在职研究生，跟大三交往的男朋友一直处到谈婚论嫁的阶段。

这不就是长辈眼里和世俗观念里，毫无 bug 的完美人生吗？

如果这样的姑娘都不遭人待见，那我这种从小叛逆到大的人岂不是要被推出午门斩首才足以泄民愤？

我和 Tina 聊了一下她所谓的"不受欢迎"的几件事，无非就是在严肃无聊、大部分人都灰头土脸的机关单位坚持做一个精致的女子。例如不会连续两天穿同一件外套，每天都会化淡妆、喷香水，拎着一款低调含蓄的 YSL 风琴包。

然而这个精致的女子从未因为化妆迟到过，花在服装搭配上的心思也从不曾影响到工作，买包的钱是每个月攒下来的，又不是挪用公款，或者来路不明。我不认为她有任何应该被讨厌的地方。

无端的厌恶，有时候仅仅是因为你和别人不一样。

你的精致无情衬托出了她们的粗鄙，你的美丽赤裸裸地彰显了她们的平庸。你任何一点点物质或者精神上的追求，都是不被接受的。如果大家都是鸡，一片和谐，凭啥你要鹤立鸡群，显得她们矮人一截？

Tina 想趁着 30 岁以前冲一冲事业，所以对于领导交代的任务从不推托，甚至超额完成，所以加班也是常有的事。同组的大姐们就常常在背后议论 Tina，说她是绿茶婊、心机婊，只会拍领导马屁求上位。

特别是由于 Tina 的卓越表现，对于懒散、得过且过的办公室风气，领导的容忍度也越来越低。这让她和同事的关系越发紧张，已经到了同事间私下聚会都不通知她的地步了。

所以说，优秀也是被人讨厌的理由吗？那我真的很想做全世界最讨厌的人！然而更讽刺的是，同事们因为她的优秀而讨厌她，男朋友及家人却因她"不够优秀"而挑剔她！

例如，她男朋友常常会讲这种没脑子的蠢话："你看你同学，那个柳主任，现在混得多好。我们办公室都有好多人关注她，人家接一个广告赚不少钱吧？"

"你在这个机关单位，稳定是稳定，但是收入一直是那样。工资不见涨，还越来越忙！以后我们要养四个老人、一个孩子，你不能都指望我吧！"

Tina的"准婆婆"也常常"有意无意"地透露出"她同学媳妇的陪嫁是一辆80万的车"之类让Tina没法儿接的话。每次听到准婆婆说这些，她都只能无所适从地尴尬一笑。

Tina来自于湖北周边一个小县城，爸爸是老师，妈妈是医生。一辈子兢兢业业地工作存的钱也只够帮Tina在武汉付个房子首付，哪儿来的钱买什么80万的车当陪嫁？

况且Tina的家庭情况，男友家人都是知道的，并且男方父母除了是"武汉户口"之外，也并没有在任何方面高出亲家一等啊？搞不懂哪儿来的莫名其妙的优越感！还有脸找别人要80万的陪嫁，你自己聘礼又打算出多少呢？

在这样的言语刺激下，Tina难免觉得不受男友一家欢迎。久而久之，甚至觉得自己配不上他。所以，有多少好姑娘的自信和自我就是被这种人一点一滴磨灭的！

有时候你不喜欢我，仅仅是因为我的光芒刺痛了你的眼睛。在时代的潮流里，任何一个试图突破普世价值观而有着更高追求的女人，都不会受人欢迎。因为她的突破，使得太多人看到了自己的平庸和怯懦！

有时候你不喜欢我，仅仅是因为我没有按照你的期望过一生。我没有满足你莫名其妙的期待，没能把自己活成你满意的样子，没能达到你自己都配不上的那种期望值！

有时候你不喜欢我，仅仅是因为你把自己的碌碌无为、平庸失败，把这个社会对你的轻视和嘲讽发泄到了我的身上。你对我的种种挑剔跟不满只是你遭受到的那些挑剔和不满的一种映射！

与其说，你不喜欢我，不如说，你不喜欢现在的自己并且不愿承认罢了。

但无论你喜不喜欢我，我都不会在意，因为我并不活在你的喜好里，也不以你的评价来决定我的价值。英国形象设计师罗伯特·庞德说："这是一个两分钟的世界，你只有一分钟展示给人们你是谁，另一分钟让他们喜欢你。"

我曾觉得这句话很有道理，后来想想，如果真的只有两分钟，我的每一分钟都要用来提升自己、完善自己、精进自己。我才懒得花时间让你喜欢我！

人都有被"看见"的需求，但是被别人看见，远不及被自己看见。一个女人一定要见自己，见天地，最后才能见众生。听说，你不喜欢我？但这又有什么关系？一个人最重要的是欣赏自己，肯定自己，接纳自己，喜爱自己！

我很喜欢现在的自己，不算老也不算太年轻，不算成功也不算很平庸。我仍然会失眠，但令我失眠的原因与以往都不同了。我每天早晨起来，都会对今天有所期待，也会常感到焦虑、疲惫、力不从心，觉得时间对我好刻薄。但是我在做自己喜欢的事，大步走在我渴望的那条路上。即使时光可以倒流，我也不想回到任何一个年龄，或者任何一段过去，哪怕一切可以重来。我还是喜欢我的现在，以及现在的我，也希望你们可以喜欢现在的自己！

　　昨天有感而发，发了这样一条朋友圈，有200多位迷妹给我点赞。主任衷心祝愿大家可以喜欢现在的自己！记住，我们不活在任何人的期待里。

　　你来这世界走一趟，要散发出自己独特的光芒！

那些不会过日子的女孩最后都过上了怎样的日子

主任前几天重温了一遍《欲望都市》，女主角 Carrie 的房子要被退租，她想买下来，却发现自己拿不出来首付买房子。可她却有一屋子 Manolo Blahnik 的红底高跟鞋，每一双都好几百美金，买鞋子的钱早就超过房子首付了。

她说：没想到有一天，我竟然会抱着我的高跟鞋流落街头。

这个场景，突然让我特别感慨。

因为那时候，我正坐在租来的房子里，点着好几百块一根的蜡烛，用那个限量版手绘的面碗吃三块钱一包的泡面。

曾有朋友对我的生活方式表示费解："你说你整天整这些小资情调有什么用？好几百买个破盘子，好几千买条床单，有那钱攒着付个首付，再不济买点黄金屯着也可以啊！真是不会过日子！"

对呀，我就是特别不会过日子。可我就是喜欢那些造型优雅，味道沁人心脾，又能闪烁着暧昧烛火的蜡烛；睡在那条80支1200根的埃及棉床单上才觉得失眠的长夜没有那么痛苦。

你说我不会过日子，其实我只是没有按照你认为的"会过日子"的方式去生活罢了，并不代表我的日子过得糟糕。

就像Carrie一样，差一点无家可归时，她还高喊着麦当娜那句名言："站在高跟鞋上，我就可以看到整个世界！"后来为《Vogue》撰稿、写书，成就了她与Mr.Big的爱情。

你说我到处旅行败家，我同样不理解你朝九晚五上班的辛苦，每个人的标准不一样，人生规划和追求也不尽相同。

人的一辈子只有一次，我们为什么要活在别人的标准里呢？

其实我发现，身边不会过日子的姑娘越来越多了。

朋友圈里，常常会看到那个单身3年的姑娘出现在地图上几乎找不到的一个国家；会发现那个职场上混得风生水起的单亲妈妈晒出各种舞台剧的门票；甚至会有平时看起来乖巧得不行的妹子发一段自己给一个朋克乐队打鼓伴奏的小视频。

这样的女孩，都被打着"不会过日子"的标签，看世界能买得起房吗？去看音乐剧孩子就能考上清华北大了？有那个时间学架子鼓干吗不去相亲？

人生这么短，还要干这些没用的事，你就是在浪费生命！

著名诗人索伦·克尔凯郭尔说过："无论你结不结婚，以后反正都要后悔。"同理，反正人生怎么过都在浪费，我们总得找到一个让自己最愉悦的方式浪费掉它。

我有个表姐，今年三十有四，拿着七位数的年薪不买房不买车，而是利用每一个假期和出差满世界溜达。她有个宏伟的人生目标：加入洛杉矶一个去过 100 个国家才能申请的旅行俱乐部。

到目前为止，她已经去过快 50 个了。不是那些粗制滥造的跟团欧洲 11 国游，而是自己买机票做攻略跟当地人交朋友，一住就是小半月的深度游，对口味的地方她还会多去几次。

我欣赏她不是因为年薪百万或者环游世界的经历，而是见过的世界让她学会了对所有人的慷慨和善意。

赚钱只能体现能力，花钱体现的却是修养和品格。

人都是活在观念里的。你花出去的每一分钱实际上都在给这个丰富多彩的世界交学费。学到了什么只需要看你上的是哪堂课。上勤俭持家、精打细算的家政课，能收获的是安稳平顺的一生。但上一些千奇百怪的实验课，收获的可能是无法预料的惊喜。

我曾看过一篇报道，有一对台北设计师夫妇来北京工作。

他们租了一座四合院，并一次性付了 10 年的房租，然后用所有的积蓄把这座古老残破的四合院重新装修得焕然一新。

说实话，这个报道的评论，总结起来就一句话：你们是不是傻？装修和房租都够买个不错的小高层了，更何况最后装修的钱都是给别人作嫁衣。真是太不会过了！

可是，设计师夫妇说：房子可以是租来的，但生活不是。

四合院的居住体验一家子都热爱，装修好的房子每个人住着都非常舒爽。看着院子里精心栽培的爬藤，水塘里欢脱的鲤鱼，每个凉爽的夜晚在自家院子里赏月吃西瓜……

　　花钱，买的是心情，是环境，是给孩子的美好童年，是一家人的幸福团结。这种感受，如何用钱来核算成本与收益？

　　报道中的照片，这一家子人，笑得纯真不设防，那种发自内心对生活的热爱，隔着电脑都能被感染到。

　　Coco Chanel女士曾说过："金钱给生活以点缀，但金钱不是生活。花钱最好的感受，不过是坐在疾驰的车内欣然见到路旁一株花朵盛开的苹果树。"

　　见过钱，才知道钱真正的用处，不过是让自己愉悦，而不是围绕钱去生活。在已经不缺吃少穿的年代，我们应该重新定义一下，什么叫"会过日子"了。

　　我以前有个生活在二次元的朋友，大宅女一枚。最大的喜好就是下班回家看B站，弹幕背后的陌生人就是她的朋友圈。

　　她所有的钱，都用来买正版的漫画和手办，每年的Chinajoy绝不缺席。甚至她的偶像，连个真人都不是，而是虚拟界的"世界第一公主殿下"初音未来。

　　这只是个2007年被设计出的一个虚拟偶像，以漫画的形式呈现。很多有才华的人会给她编曲编舞，赋予这个虚拟人物作品以性格甚至是灵魂。

可她连个真人都不是啊！

但是我这个朋友，她所有的钱都用来买她的周边和 CD 了。别人都攒钱买房为未来孩子存教育基金，她却攒了一笔"初音未来演唱会基金"。看起来太疯了，以至于她妈一直觉得自己的女儿是网瘾少女，这么不会过日子，以后可怎么办。

但有一次她对我说，为了会唱初音的歌，看懂有关她的专访，去听她的演唱会，她就一点点自学日文，并且努力打工赚钱。

我问过她，这是个假人啊！你到底爱她什么啊！

她说，她是粉丝们合力成就的偶像，而非站在神坛俯瞰粉丝的偶像。大家把才华和情感投注在她身上，成就了一个不会变老、不会犯错、没有瑕疵、与三次元的庸脂俗粉完全不一样的偶像。

初音未来，是我们对油腻腻、黑漆漆世俗人生的反抗，也是所有人内心对美好纯真的透射，为什么不能去热爱呢？

这一刻我终于理解了她。

这样一个二次元"大龄少女"也并没有变成一个脱离现实社会又坑老的怪胎，反而找到了一个日企的工作，在追星的途中还认识了跟她一样喜欢初音未来的男朋友，现在都要结婚了。

所以说，那些"不会过日子"的人未必就不能把日子过好，你说呢？

如果说，上学——工作——结婚——生子才是人生的正确打开方式，能确保一个人平稳安全地度过一生，那我宁愿按照自己的方式错下去，去追寻内心那个最清新的世界。

即使没人欣赏，无人鼓掌，也应该为自己 follow my heart 的勇气和执着而拍手叫好，不是吗？

你的人生是你自己的，它既不是你父母的续集，也不是同学的番外，更不是你儿女的开篇。

你不需要把自己束缚在任何一种"普世标准"里，也不需要强迫自己生活得多么"政治正确"，更不要因为别人的评价而改变自己的初心。

会不会过日子，谁说了都不算，只有你自己的感受算数。若干年后再看看，那些不会过日子的女孩最后都过得挺好的。

第四章

在爱情中，
挑剔其实是一种美好的品德

你在爱情里是如何节节败退的

人人都想当爱情里的甲方，可事实上 99% 的女人活到 30 多岁都不晓得如何掌握主动权，所以她们在爱情里，只有节节败退，最后溃不成军。

昨天晚上我接到一个朋友的电话，我与她并不相熟。她从外地调来武汉工作没多久，因为工作上的关系我们见过一面。她一直在看我的公众号，所以笃定地认为只有我能解决她的问题。

听她讲完她的故事，我非常遗憾地告诉她："基本上你完美地示范了一个女人在两性关系里是如何节节溃败的，你非常精准地踩到了每一个雷区，并且你放过了每一个可以把握主动权的机会。我可以把你的案例当作反面教材写出来吗？"

她说："你给我一个解决方案我就同意你写。"

"成交！"

"他是一家连锁餐厅的老板，我是两个月前认识他的，那会儿我刚来武汉也没什么朋友，就总是去他的餐厅喝茶聊天。聊着聊着我发现这个男人阅历丰富、涵养过人，我们还是在同一所大学读的研究生，就开始了密切的约会，以吃饭喝酒为主。"

"虽然他收入比我高，但是我好歹也算混了 10 年职场的白骨精，所以我提出轮流买单，他也没有拒绝。我们基本上每隔一天就要吃顿饭，从人情世故到工作烦恼，我们几乎无话不说。"

"半个月前我们喝完酒准备各回各家，刚刚走出酒吧他说他喝醉了让我送他回去。虽然我意识到了平常他酒量没有这么差，还是照办了。我把他送回家后，把他扶到床上倒了杯蜂蜜水就走了。"

"结果第二天他对我的态度突然变得非常冷漠，而且突然变得异常繁忙。之前从来没听说过他要出差，那段时间他竟然说自己在出差。打电话不接，发微信回得也很慢，约他吃饭也说没时间。"

"我们之前一直保持着隔一天见一次的频率，现在 10 天 8 天才见得到一面。我特别不习惯，也接受不了他突然对我这么冷漠。于是我就发了很长一段微信把他骂了一顿，把我对他的不满全都发泄出来了。不仅仅是他对我态度上的转变，还有我认为他做人做事虚伪跟不地道的地方，我全都说出来了。"

"后来他回复了我一条更长的微信，就我对他的评价进行了辩解。最后落脚到普通朋友十天半个月见一面很正常，不懂我有什么好发脾气的。"

"我看到这条微信气得要死，一怒之下把他的微信拉黑了。"

"后来他再也没有主动找过我，我特别后悔也很想他，又主动把他加回来了。我一心想要我们的关系回到从前那般融洽，但是他对我却越来越冷漠，甚至我低声下气地主动约他，他都不为所动，推三阻四。"

"有天晚上我越想越气，趁着酒劲打电话把他大骂了一顿。第二天起床我发现他把我微信删除了。从他删除我微信到现在，已经半个月了，我还是放不下他，也不知道要如何挽回我们的关系。希望你可以为我指点迷津。"

听完她的陈述，说实话我真是倒吸了一口凉气。这位有颜值也有事业的小姐姐已经33岁了，听完她跟男人相处的方式，我真的不知道她这33年是怎么过来的。她的做法毫无疑问会吓跑那些真的爱她的男人，甚至吸引一批渣男。

她咨询我的重点在于：如何挽回这段关系。但我们应该知道，想要挽救一段关系最关键的一点在于：不要把这段关系破坏到这种程度，前期太作导致错太多，后期就需要花十倍百倍的精力去补救，且很有可能回天乏术。

她看似主动做了很多事，去推动他们的感情发展，例如主动邀约，主动示好，主动谈谈，主动删微信又加回来。

可事实上，在这段关系里，她一直是被动的一方。仔细想想，她的情绪是否一直在被对方左右，她的每一个行为是否都在被对方牵着鼻子走呢？

她犯了几个爱情里的大错，这也是很多女性的通病：

1. 完全无法控制情绪。既不能控制自己去示爱，也不能控制自己的脾气。想表白就表白，想拉黑就拉黑，后悔了还要再加回来。这跟高一女生早恋有什么区别？一个 33 岁职业女性的心智如何能允许自己做出这种事？

2. 在筹码明显不足的情况下盲目索取价值。"你必须一周陪我吃三顿饭，你必须秒回我微信，你必须像从前一样对我。"这都是女朋友这个身份提出的要求，当你还不是他女朋友的时候，就以女朋友的身份来要求他，那么你永远无法成为他女朋友。

3. 在你主动拉黑一位男士之前要做好这辈子都不会主动添加回来的打算。拉黑是仅适用于高级玩家的险招，拉黑两天又加回来，你在对方眼里就彻底沦为只会用烂招又不懂控制情绪的手下败将了。

4. 跟任何人的任何关系，你最好在一开始就问问自己：我到底想要什么：你要找约会对象、男朋友，还是要找老公？你是要一个喝酒、聊天、搞暧昧的男性朋友，还是要找下床了就不联系的床伴？

定位不同，你对他的态度跟节奏自然不同，那么反过来他给你的反应也不尽相同。

所谓掌握主动权，并不是每一件事的走向都要由你做主，每件事都尽在你的掌握之中。我没有这种本事可以教给你，就是神仙都无法完全控制他人的行为。

《速度与激情8》这部爆米花片里竟然出了这么两句足以指导一切人类活动的经典台词：1. 归根结底，每个人都只能控制自己的行为。2. 人与人之间可以交换的只有讯息。

这是美艳邪恶的女二号对男主角说的，说完她就告诉他："你刚刚没有按照我的话去做，所以我要杀掉你孩子的母亲。如果再有下次，就是你的孩子。"话音刚落她就开了枪。充分展示了什么叫作交换讯息，控制自己的行为（以推动他人的行为）。

相反，她提到的这位男士心理战术比她高出了几个段位。不主动给予承诺，不拒绝所有邀约，装醉钓鱼企图发展床伴结果发现对方不为所动之后不再投入任何精力，等对方百爪挠心企图挽回时，他八成早就转投下一个目标了。

思路清晰，行动利落，不是满脑子糨糊又控制不了情绪的女人可以匹敌的。

我告诉她，挽回他的办法不是没有。问题是，你明明是想找男朋友的，可是他显然奔着床伴去的。如果不是帅成吴彦祖，我搞不懂有什么值得挽回的？

杀鸡焉用宰牛刀？对付一个相貌普通、身材一般、心机深沉的中年暧昧男，你又何苦要上演一出劳民伤财的宫心计呢？

所谓套路，其实是另一种真诚。不够喜欢你，我连对你使套路的脑筋都不想动。有这闲工夫还不如去赚钱美容健身旅行，何苦对着一个质量一般又不够爱你的男人伤脑筋？

记住：情义千斤跟胸脯四两你都有，套路谋略和冰雪聪明也不缺，请把它留给值得的男士，而不是那些莫名其妙的跳梁小丑。

疯一样的女人最好命

主任这几天来成都出差，作为一个号称天赋异禀、光吃不胖的女子，我竟然在5天内胖了6斤……于是我成都的朋友们就给我取了个外号：柳巴顿……借以讽刺我一天吃8顿饭，实乃交友不慎。

不得不说，成都好吃的真的太多了！火锅、串串、烧烤什么的咱就不说了，还有人民公园那家老妈蹄花啊、稀溜耙啊、耗儿鱼啊、素椒炸酱面啊、凉糕冰粉啊，都是我的爱啊！

所以说，一天吃八顿有啥子稀奇呢？这个品尝美食的schedule根本就排不过来好吗！8顿我已经算很克制了，你还要我怎样，我怎样（背景音乐来自薛之谦：你还要我怎样）？！

说到成都，有两大特色跟我大武汉一样。最吸引人的除了美食，那就是妹子了！我在成都的朋友还挺多，但这次认识了一位让我印象深刻的妹子。她是我成都闺密的亲妹妹，虽说大我3岁，但是看上去真的就像刚刚大学毕业的嫩妹！

她一见到我就喊我柳姐姐，因为我是她姐姐的朋友，所以她内存不够的脑袋自动识别为：我跟她姐姐一般大。她每次喊我柳姐姐的时候都是手舞足蹈一脸花痴状，我觉得特别可爱，再加上她人看上去确实比我小，我也就没有告诉她实情。

一直占着人家便宜，她看到这里应该会找我这个冒牌姐姐算账吧！

我在闺密家住了几天，跟她妹妹一直没什么过多的交流，也就吃饭的时候说两句。直到前天晚上，闺密出门应酬了，家里就只剩下我们俩了。她跟我聊起了工作的事，我才意识到：原来我跟这么个旷世大奇葩生活了 5 天，我竟然现在才知道……

她叫小风，她就是传说中的：疯一样的女子！

怎么个疯法呢？从外形上来看，真的就是静若处子，动若神经！不开玩笑地说，小风长得真的很像演员袁泉。有一次她陪我去楼下吃甜品，真的被店员当成袁泉了！

但是一开口店员就蒙了，因为小风有一副比张柏芝还要沙哑 100 倍的烟酒过度嗓！袁泉出道前可是唱青衣的啊！！怎么会有这种破锣嗓子！可就是这副破锣嗓子，竟然是靠说话养活自己的！

小风在某知名保险公司工作，我们很多人的车险都是在那家办理的，由于他们暂时还不是我的广告客户，所以名字打死我也不会说，就是这么现实！然而小风的主要工作就是按照公司提供的客户名单，挨个打电话推销他们的保险。

这个套路是这样玩的：公司以利润低的拳头产品车险吸引大批用户，然后再把客户名单给到销售人员，打电话推销其他利润高的险种，例如寿险、意外险等。

虽说，确实是正儿八经的客户人员打来的电话，但是推销电话总是不那么招人待见的。很多人，例如我都会礼貌地回应一声"不好意思我暂时不需要"，然后直接挂掉，还有一些人会语气很不耐烦，更有甚者会把一些莫名其妙的邪火发到他们身上。

我最看不上的就是这种人，绝对是在别的地方受了气没地方撒，只知道拜高踩低。真的不要歧视电话销售人员，小风领导的领导，原来的岗位是培训师，后来主动调过来做销售。现在靠提成月入10万元，每天开着跑车准点到公司打电话……

关键是，人家是1993年生的啊！

所以真的不要瞧不起任何一种工作，人家对你好言好语的那是尊重你，不是因为你真的高人一等。别人低声下气地给你推销并不是家里揭不开锅了，没准别人月薪比你年薪还高。

就像我妈之前常跟我说的一句话："你每天瞎嘚瑟啥啊？家门口卖牛肉粉的都比你有钱！"后来我深入调研了一下，卖牛肉粉的好像真的比我有钱！我从此开启了低调、亲和、深藏功与名的人生。

说回小风，我问她扯着个破锣嗓子每天打电话烦不烦。她乐滋滋地说："我不烦啊！我心态特别好！反正一单也卖不出去，底薪还不是一分钱都不少？公司还给我交五险一金。"

"比方介绍了两个小时客户还是不买，别人挂了电话就会骂：浪费老子时间！我就会觉得：太好了！两个小时又混过去了！再打个电话就可以下班了！想想下班吃什么！"

就是这种混不吝的心态，她在这批新员工里，业绩却是最好的！所以说有时候心态和情绪真的很微妙也很重要。她每天这么没心没肺地傻乐，也会给客户传递出一种轻松愉悦的氛围，那么成交率自然比较高。

如果你总是一副苦大仇深的表情，或者不断地给客户施加心理压力，效果反而不好。我又问小风，如果遇到一些特别讨厌或者不讲道理的客户，你怎么办呢？她说正常人还是会客客气气地结束通话，挂了电话再骂一声："你个瓜娃子！"因为害怕被客户投诉，所以不会直接顶撞。

但是我不一样，当我遇到那种贪心刻薄又难缠的客户时，我会更加热情地跟他介绍产品。最后告诉他："这位先生，刚刚为您介绍的产品您喜欢吗？我们用于客户赠礼的行车记录仪您还满意吗？喜欢是吧？满意是吧？不送！"然后砰的一声挂断电话，只剩对话那头对着空气怒骂。

是不是超有个性！不仅工作上独树一帜，在感情生活上她也是个疯一样的女子！我通常不会打探任何人的隐私，但是那天我跟小风实在是聊得太投缘了。我就多嘴问了一句，看你每天乐呵呵的，真的不像个接近 30 岁的单身女青年。

小风一边啃着她最爱的麻辣牛板筋，一边若无其事地说："感情的事，有什么好着急的？这又不是点宵夜，你下单了他就来，急也没用啊！再说了，我现在一点都不想谈恋爱结婚，人一辈子这么长，为什么要早早地定下来呢？"

"再说了，我才让我分手 N 年的前前男友配合我在爸妈亲戚面前演了一出戏，说我们感情很稳定，明年就结婚。我好不容易有一年半的不被七大姑八大姨催婚的清闲日子过！高兴还来不及呢，我急着谈什么恋爱啊！"

听罢，我下巴都要掉到地上去了。只想说，女侠你玩得溜，我甘拜下风！

可就是这么一个没正形的"疯一样的女子"，却在下班后的时间里疯狂地手抄优秀员工的电话销售录音，以加深记忆提高话术水平。别看她表面上单身得云淡风轻，私底下也过得充实美好，追她的优质男人还真不少！

我身边有大量 30 岁的单身女性，小风是我见过的最快乐、最轻松、最享受单身的那个！当然也不乏一些严肃认真、一丝不苟，把生活过得很紧张的你我他，但是生活给我们的回馈也许真的不如小风那么丰盛！

社会节奏快，生活压力大，贫富差距大。

人们都难免把自己活得太谨小慎微，太抠抠索索，太高度紧张。遇到小风我才意识到，原来生活还可以这样过！原来一个生性乐观的"疯女子"在 30 岁的时候还可以拥有一张 23 岁的脸！

生活的模样，真的取决于你看待它的眼光。这个世界上很多 30 岁单身、工作普通的女人每天都是一脸生无可恋的表情，把好好的日子过得灰头土脸，死气沉沉。就像那句最近很流行的话："有些人 25 岁就死了，75 岁才埋。"

可是小风的那种乐观、活泼、热情的感染力是真的让她变成了我所见过的 30 岁状态最好最年轻的姑娘！生活就像一面镜子，你对它笑的时候，它怎会舍得让你哭？

这一届的运动员百花齐放各有千秋，我们却偏偏迷恋傅园慧，大概也是这个道理！

Come on！Relax！做个疯一样的女子最好命！

什么才是女人的"长期饭票"

女人们的下午茶，总是谈论到这个话题："什么才是一个女人最好的归宿？"随着年龄的增长，我心目中的答案一直在改变。直到最近，这个想法才渐渐地坚定下来。

1. 等我赚钱了就给你买个大房子

34 岁的橙子又分手了，她将擦眼泪的纸巾揉成团，随手丢进垃圾桶。作为一个 22 岁大学毕业就来深圳，靠自己在职场杀出一条血路的女人，一路艰难困苦过关斩将，却也不足与外人道。

事业上虽然风生水起，但是感情却一直没有着落，也谈过两次短暂的恋爱，但也都无疾而终。最近这个男人是橙子的客户，两人来自同一个地方，男人在情人节请橙子吃了顿怀石料理，后来就火速坠入爱河。

在爱情面前，女人总是盲目的，特别是那些 30 岁以上，经历过从满心期待到彻底绝望的几次循环往复，已经等待得有些焦灼的女人。

很快，男人搬进了橙子两年前买的位于市中心的小复式。她的房子装修得雅致温馨又不失格调，当年搬进新家时橙子还请过姐妹几个去开派对。橙子说他在创业，所以资金都投入到公司运营中了，暂时还没有买房，只要公司赚了钱会买一个大大的房子作婚房。

看着橙子一脸的甜蜜，姐妹们都觉得这次橙子终于找到了终身归宿。后来的半年，橙子也很少跟朋友们联系。一天深夜，我突然接到了电话，电话那头，是橙子哭得沙哑的声音："他居然出轨，对象是个21岁的实习生……"

2. 要么你是吉祥物，要么你是摇钱树

前一阵子，Amanda让我帮她介绍男朋友。我问她想找个啥样的，她说："有车有房，父母双亡。"我不禁哑然失笑，后来想想，天底下哪有那么好的事：空享一个男人的奋斗果实，却不用承担任何义务。

如果真有这种男人，无不良嗜好，年龄相当，皮相又好，想要嫁给她的女孩多了去了，哪里轮得到你呢？她噘着嘴嘟囔道："那没房子怎么办呢？难道在租来的房子里结婚吗？"

不知从何时起，房子似乎成了婚姻的最大敌人。有句话是这么说的：打败爱情的不是距离也不是小三，而是丈母娘和飙升的房价。这年头男人找媳妇的标准也渐渐变成了："要么你是吉祥物，要么你是摇钱树。"

换言之，要么你美丽大方、温柔体贴，给予我足够的情绪价值；要么你名门望族、财力雄厚，让我少奋斗 20 年。他们普遍认为：在收入没有明显差异，年龄也相当的情况下，凭什么买房子成了男人需要独自承担的责任了呢？

我不是在为男人说话，只是觉得一对即将步入婚姻的情侣，如果女方还是坚持着"你必须有全款付清的房子，我只是拎包入住"的话，证明这个女孩并没有可以经营婚姻的成熟度。

换句话说，她没有丝毫的家庭责任感，不认为自己需要为了这个家做出任何努力和牺牲。或者说，她所认为的牺牲就是生个孩子，只要生个孩子男人就必须给她买套房子。说句实话，去黑市找代孕的钱都不够在北京四环买套 20 平方米的房子。

嫁到夫家，住在他的宅子里绣花的年代已经过去一百年了。

那个年代虽说不愁房子，但是女人从不曾拥有属于自己的房子。父母去世后房子由家族里的男丁继承，夫家的房子永远不可能转到自己的名下，被丈夫赶出来以后，就只有流落街头和沦落风尘这两条路走了。

所以女人一定要有属于自己的房子，这房子里装的是咱们女人的安全感和归属感。

演员马苏买房的故事很多朋友都听说过。在一次激烈的争吵过后，马苏被孔令辉赶出了家。从那天起，她便痛定思痛要买个属于自己的房子。一点一点还贷款，像蚂蚁啃骨头那样把自己喜欢的家具一件一件搬回来。

从买下它到装修完毕，她整整花了6年时间！

没靠任何人，每一分钱都是自己掏，而它，也完全属于自己。从此以后，再没人能让自己滚，自己也绝不会再无家可归。手中有房，心里不慌。虽然为了它花了这么多时间精力与金钱，但很值！

房子带给女人的安全感比男人要浓厚得多，住在自己买的房子里，欣赏着自己一砖一瓦构筑的小窝，那样的成就感不是爱情和美貌可以给予的。

让女人充满安全感的不仅仅是一所房子，更是一份保障，一份底气。

3. "失婚女"并不可怜！只要你有房又有钱！

我有个刚过不惑之年的读者，就是我上次说到过的把儿子送出国后立刻跟丈夫离婚了的姐姐。前夫出轨10年，他们的婚姻早已名存实亡，为了给孩子一个"完整的家"，姐姐不动声色地忍到了儿子成年的那天。

在漫长而又煎熬的婚姻中，她没有自暴自弃也没有哭哭啼啼。虽说对丈夫怨隙犹生，她仍然把这个家打理得井井有条，把孩子和老人照顾得妥帖周到。出轨的丈夫对她多少怀有一些亏欠，所以经济大权一直牢牢握在她的手中。

并不是所有憎恶出轨丈夫的妻子都会肆意挥霍他的金钱以寻求心理平衡，她非常理智地把手里的钱拿来投资，赶上了2005年的牛市，积累了第一桶金。在北京朝阳区房价才8000多的时候，她把所有的钱都拿来投资了房产。

　　接着再出租，用租金缴纳房贷，然后再买房。就这样几个来回，她终于在北京房价飙升以前攒够了5套房子。儿子出国读书的钱，就是通过租金赚来的。如今她终于不用操持家务也不用面对出轨的丈夫，拿着每个月7万多的租金环游世界。

　　前两天她发了一张自拍，是在土耳其坐热气球。那神韵，那气质，颇像我很喜欢的演员刘嘉玲。我打趣道："'失婚女'并不可怜！只要你有房又有钱！"她回复："主任，世界那么大，包租婆想要去看看！"

　　说到刘嘉玲，她也是一个投资高手，不仅在上海和香港坐拥多处豪宅，近年来还在出生地苏州安了家。那是一栋四层楼的，仅装修就花掉了近千万元的别墅。里面的每一件家具、每一幅画甚至每一个小摆件都是她精心挑选的。

　　我曾经看过一个采访，刘嘉玲讲起自己第一次置业的经历："第一次置业是在我19岁那年，那时在新加坡登台演出，得了一笔奖金。拿来干吗呢？想来想去我决定买房，当时真的很为自己骄傲呢。有了房子，突然觉得自己身上的责任越来越重，不再是一个懵懵懂懂的小女生了。"

置业真的可以改变一个人的心态，在不同的情况下，人们选择不同的房子。在不同的人生阶段，随着人的不断成熟，家对人的意义也随之改变。

4. 我要住在自己的房子里优雅地等待爱情

我有个闺密，感觉她就是现实版的安迪。10 年创业路，北京待了 5 年，上海待了 5 年。收入可观的她一直租着价格不菲的高档公寓，却从没想过买套房子，因为她不确定自己是否会在这个城市定居，觉得买房是个累赘。

今年她突然定居深圳了，我不解地追问缘由。她说："深圳创业政策好，空气也好，并且这座城市具有海绵一般的包容性，让我不再像个漂泊无依的'外地人'。"

这个 32 岁的女人，财务早已自由，只是目前还是孤单一人。

她也曾有过几段刻骨铭心的爱情，但都无疾而终了。不是败给了时间，就是败给了忙碌。似乎每一个独立自强的事业女性，多多少少都会牺牲爱情，世间安得双全法？

可那又有什么关系呢？女人最好的年华应该用来投资自己：精进业务，增长见闻，提升品位，积累资金。当你早早地赚够了面包，可以安安心心地住在自己的房子里优雅地等待爱情。

你可以优雅自信地对他说："我什么都有了，只要你善良、温柔、帅就好！"

一个女人必须有房，一套用来居住，一套用来投资！手中有房，心中不慌。它不仅仅是你的容身之所，还是一笔可观的固定资产，保障你的品质生活。这个时代给了女人很多压力，也给了我们很多选择。

无论你婚不婚，生不生，都可以自主选择自己想要的人生。女人的"长期饭票"早已不再是男人，早早地为自己的人生储备一些固定资产才是硬道理！

谁说单身就非得吃回头草、窝边草

"我判断一个女人是不是中年妇女从来不是通过年龄或者穿衣打扮，而是她是否具有这样一种中华民族传统'美德'：十分热衷于给别人介绍对象……"

"浑身散发出一种媒婆气质的女人，即使 20 岁出头也毫无少女感啊。"

大概是我这句话把时常操心我婚姻大事的阿 May 得罪了，她竟然指着我鼻子说："既不吃回头草，又不吃窝边草！你不单身谁单身！！"

听上去好有道理，我竟无言以对。

但是仔细想想，真的是这么一回事吗？不愿意一个人就随便抓一个前任复合，或者对同事、客户、闺密的前男友下手，这样真的好吗？就连我很喜欢的一个微博段子手今天也在发《骗前任复合攻略》。

我不禁想问了：陈年旧屎有那么好吃吗？

当然，好不好吃，吃过才知道！我相信"跟前任复合"这件事，很多人都做过，包括我在内。可是你幻想的"重温旧梦"真的有那么美好吗？大多数情况明明就是物是人非。

就像当年的张柏芝跟谢霆锋轰轰烈烈地谈恋爱了，又声势浩荡地分了手，没过两年突然宣布结婚，结果好景不长，当年的金童玉女如今天各一方。

作为张柏芝10年老粉，客观地说一句，这俩人性格完全不合适，张柏芝也是真的没什么特别吸引谢霆锋的地方，换句话说就是"根本拿不住他"。再加上从小家庭的原因，极度缺乏安全感，无论有没有艳照门，这场婚姻都是很难长久的。

再看看郑爽跟张翰，分分合合七八年，一直剪不断理还乱。如今各自开始新恋情，粉丝依然不依不饶地追着骂。张翰和现女友古力娜扎无论发什么微博，哪怕就是"今天天气好好"，下面都是郑爽粉丝在组团大骂，直到把娜扎骂得关闭了微博评论。

或许明星的生活离我们很遥远，但这种事情放在现实生活中，无非是两个分分合合纠葛多年的恋人，以疑似第三者插足的方式彻底分开了。于是双方朋友开始义愤填膺地站队，互相指责，让原本可以和平分手各安江湖的两位逼得兵戎相见，剑拔弩张。

这大概是两个真心爱过的人，最糟糕的告别方式。

再看看刘烨和谢娜，皮特跟安妮斯顿，强尼•戴普跟维诺娜。

大家真挚地相爱过，礼貌分开后不踌躇，不回首，不撕扯，各自寻找新幸福。一别两宽，各生欢喜，这难道不是成年人分手最高级、最体面的方式吗？

我有个朋友，堪称爱吃回头草的典型代表。跟前任A和前任B纠结往复7年，最后终于嫁给了A，结果她婚后跟B搞暧昧，被A发现了然后离婚。离婚后发现自己怀孕了，又跟A复婚。好景不长，孩子不到2岁的时候，他们又离婚了……

最近听说，她又跟B搞到一起去了……

这个女孩儿是天秤座的，下个月就34岁了。你可以说她感情生活一片混乱，完全不知道自己要什么，极度缺乏责任感。但是换个角度想，她的整个青春就葬送在这两个男人身上了……十几年的光阴与爱情就浪费在循环往复无休止的分手、复合、分手上。

其实最可怜的那个人是她，因为过于沉溺于记忆中的美好跟熟悉的相处模式，她始终不敢跨出这一步，不敢从熟悉的怀抱里挣脱出来去寻找更美好的爱情和更适合自己的人。

于是画地为牢，囚禁了自己。

世界这么大，男人这么多，她真的应该去看看。

作为一个成年人，无论是在一起还是分开都应该建立在充分思考、理性决定的基础上。这就跟赌博一样，到底押哪个你可以充分考虑，但是买定后请离手。遵守规则让你看上去更像一个成熟靠谱的人，而成熟靠谱的人总是离幸福更近一点。

当你决定要跟 ta 分手，希望这并不是一时冲动，而是有一个无论你一个人的时候多么孤单寂寞冷，也可以说服自己，让自己不后悔的理由。尊重自己，尊重他人，尊重你们有过的感情和回忆，这是我们可以为前任做的最好的事。

这双鞋不合脚，鞋跟脚都知道。

磨破了一个血泡的时候就清楚，何必要反复穿脱，磨得血肉模糊才罢休呢？我希望我记忆中的你仍是一双很完美但是不适合我的高跟鞋，而不是一双试了又试，残败破旧满是泥土，还沾满了血渍的破球鞋。

"分开这么久了，我还爱着你。我们要不要再试试？"

"我的爱情只有一次，不好意思，老娘不试。"

"得不到"和"已失去"永远是让人心生摇曳又触不可及的白月光，你为什么非要把自己作践成一抹腥臭不堪的蚊子血？

吃回头草这种没质感的事，我们有品位的女人是不做的。那么吃窝边草呢？这是一件更没品位的事！！

首先，闺密的前男友，闺密暗恋的人，暗恋过闺密的人，闺密追过没追到的人，追过闺密没追到的人，这都是不能碰的啊！要知道，女人之间的友谊说崩就崩，不是因为嫉妒就是因为男人。

咱们这种生下来就开挂的女人已经够遭人嫉妒了，在男人这么敏感的事情上再不规行矩步坚持原则，还能交得到朋友吗？！

虽说女人比较小心眼，女人间的友谊比较脆弱，但是闺密这种生物还是比男人靠谱得多啊！你有 10 年以上的好闺密吗？不止一个吧？你有爱了 10 年以上的男人吗？我还真没有。

铁打的闺密，流水的男人。没有爱情的女人并不可悲，但是没有几个闺密的女人不仅可悲，简直可怕！任何时候，朋友都是必选项，而爱情则不是。看看那些为了爱情背叛友谊的女人，最后往往什么也得不到，还落得一个婊子的骂名。

要记住，抢闺密男人这种事无论在古今中外，都是为人所不齿的，都是容易被整个朋友圈子群起而攻之的。不要觉得自己为了爱情与全世界为敌很伟大，真正爱你的男人不会让你陷入这种不仁不义的境地。

再来说说同事和客户，对于要不要在这两个群体里找男朋友，其实我是持开放意见的，毕竟这跟抢闺密男人不同，这并不是什么原则问题。

另外就是，大部分交友范围狭窄的女性，如果不对同事跟客户下手，好像真的没有任何人选了。但是我坚持了这么久的态度仍然是：不在这两个群体中找男朋友，别说同事了，我连同行都不找。

原因很简单：我至少要在这个行业待 10 年，但是并没有信心在你身边呆 10 年。你想要在任何一个行业树立起自己的专业口碑和形象，一定要让自己跟业内绯闻这四个大字隔离开。

你努力了 5 年才有今天的成就，不想因为跟行业大佬谈了 2 个月恋爱，就被人质疑工作能力和上位原因吧？你非常注意跟上司保持距离，却没能躲过 90 后小鲜肉实习生的诱惑。

他实习结束去了你们竞争对手的公司，在跟新同事玩"真心话大冒险"的时候把你卖得底裤都不剩，你谨小慎微在职场匍匐多年，最终败给了一个你从未想过的"猪队友"。

即使丘比特之箭射中了你，奇迹发生在了你跟你同组的小王身上，你俩甜蜜恋爱顺利结婚。两个做着同样工作、社交圈高度重叠、24 小时在一起的人能有多少新鲜、多少话题、多少幸福感呢？

据说，爱情是由多巴胺组成的，多巴胺的产生是需要刺激跟碰撞的。两个有趣的灵魂相碰撞，两个迥异的圈子相碰撞，两段不同的人生相碰撞才会有激情跟火花，才会使一加一大于二。

再者，下班后你还想看到你同事吗？你真的觉得那个能拖到 15 号绝不 14 号打款的客户会是一个好老公吗？

不是你圈子窄，所以只能吃窝边草；而是你习惯吃窝边草，所以你圈子才窄！

总之，我不会放弃坚守了这么久的这些"破规矩"：

单身，并不意味着你是一个 loser。

换个角度想，

全世界正向你敞开怀抱，

那么多可爱的男人不去泡，为啥要吃窝边草？

那么多崭新的爱情故事不去写，为啥非要跟前任反复纠缠？

一场相亲血案引发的深度两性思考

　　＃武汉身边事＃【女子为相亲寒冬穿短裙，冻得胸口放出700毫升脓液】武汉一32岁的女青年，为了在相亲对象面前展示完美身材，竟在寒冬里穿短裙凉鞋赴约。双方一起去江边吹风聊天，最终引发感冒多日未愈。近日，医生发现她胸腔已积满脓液，不得不开胸取出了700毫升脓液。

　　震惊之余，我想起了曾经我做过的一个小调查。当时我随机采访了五位不同年龄、不同职业、不同星座的男性友人：如果一个女孩儿跟你第一次约会的时候，就穿得十分暴露，你会做何感想？

　　其中三个人的答案惊人的一致："我觉得她很轻浮，玩一玩可以，不准备严肃地发展恋爱关系。特别是大冬天丝袜超短裙的装束，我只会觉得她很好上。"

　　另外两位的回答比较客观，说的是："如果一见钟情了我会担心她太冷，带她去买衣服。如果没感觉，我会觉得穿羽绒服都冷得直哆嗦，你穿个丝袜出门是脑袋被门挤了吗？"

我十分理解新闻中的这位姑娘是因为重视这次相亲所以刻意打扮过，但事实上这种不合时宜的"刻意打扮"往往会起到反效果。就像我前天去爬青城山，5点半以后缆车停运了，只能徒步爬下山，我穿着弹性极佳的Adidas刀锋战士跑鞋都觉得小腿肌肉酸胀难忍，竟然看到一个妈妈穿着10厘米的高跟皮靴牵着两三岁的孩子艰难地下山，旁边是她一言不发、强忍怒火的老公。

且不谈穿高跟鞋爬山对肌肉和骨骼的伤害有多大，就算她已经习惯了高跟鞋长在腿上的状态，也应该考虑一下孩子的安全吧。万一踩空滑下去，孩子体重小站不稳，直接被她拉下去了，后果不堪设想。

所以说在什么场合穿什么衣服，这已经不仅仅是简单的社交礼仪问题了，很多时候甚至严重地影响到了他人对我们的看法以及身体健康甚至是生命安全。无论是这个穿高跟鞋爬山的妈妈还是那个相亲冻感冒开胸的女孩，她们都承担着随时失去生命的风险。

那么女人们大冬天穿丝袜短裙，爬山穿恨天高，还有在健身房化大浓妆到底是为了什么呢？说到底女人打扮无非是两种目的：取悦自己，以及取悦男人。首先，受罪的事情多半不是为了取悦自己。所以在寒冬时节穿丝袜凉鞋应该还是为了取悦男人，用这种适得其反的愚蠢办法取悦男人，我只想说这个女人32岁还在相亲是有道理的。

首先她根本不了解男人在想什么，其次她对于盛装打扮的定义是非常狭隘甚至极端错误的，最后她不仅缺乏基本常识，对于两性心理也是一窍不通。我作为一个土生土长的武汉女孩儿，对于老乡的开胸血案表示十分难过和震惊。今天把这个当作案例来写，是为了千万个女孩可以避免这种惨案再次发生。

很多女人误以为穿得短薄露透就是吸引男性，所以无论什么场合、什么年龄、什么身材都致力于把自己打造成一具行走的荷尔蒙。殊不知暴露的衣着是最考验气质的，我敢说95%的女性衣着暴露都会略显风尘。哪怕你身材完美、面容姣好，约会的场合在酒吧，穿得过于暴露也会让男人把你归类到"可约，不可谈，更不可娶"的类别里。

是的，第一印象非常重要，男人第一次约会就会通过你的言行举止、衣着特征把你归类。我们女人也是一样，一个精神饱满、商务精英风格的男人和一个精神萎靡、地下乐团风格的男人，你更愿意和谁发展一段严肃认真的恋爱关系？如果你非常任性地觉得第一印象无所谓，你就是要衣着暴露不合时宜地去约会，同时又想要跟他有所发展，也不是不可能，只是后期你需要花费更多的时间和精力去洗刷糟糕的第一印象对你们关系造成的伤害，且不一定有效。

我个人认为女人应该把更多的时间和精力，用正确的方式投放到自己身上。我们不追逐男人，只吸引男人。我们可以取悦男人，在不伤害自己的前提下，用正确的方式，高效率低成本地去吸引男人。这才是一段关系良性运转的开始，这才是双赢。

例如，很多女人约会前会花非常多的时间化妆，准备衣服。她们搭配了三套小礼服，最后选择了其中一套，从做皮肤护理到贴完假睫毛就花了两个半小时。当她们打扮得像个真人版芭比娃娃出现在男朋友面前的时候，他已经在楼下等了一个小时，一副吃了屎的表情。看到打扮得像棵圣诞树一样的女朋友，想到今天的约会内容是跟好哥们夫妇一块儿去欢乐谷玩儿，就想一头撞死在方向盘上。

女朋友心想，老娘昨晚就睡了6个小时，7点钟准时起床化妆，不就是为了打扮得漂漂亮亮的让你在兄弟面前有面子吗？我只是迟到了一下你就甩脸子，甩你妹！两个人都不懂对方生气的点在哪里，一场大战由此爆发……

这样的场景是不是很熟悉？我读大学的时候就是一个这么作的女孩。那个时候我做平面模特赚零用钱，已经习惯了一周有3到4天都是妆容夸张的拍摄状态，甚至不戴假睫毛我就出不了门。后来觉得吃青春饭毕竟不长久，就应聘到"知音"杂志社做记者。

环境对于人的影响真的特别大，当我发现我的同事几乎全部素颜上班的时候，很快我就厌恶了浓妆，抛弃了假睫毛，恢复到了淡妆的状态。几年过去了，我的妆越来越淡，基本上粉底加口红 5 分钟搞定，但是异性缘却越来越好，这说明什么？大部分审美正常的直男们根本欣赏不来贴三层睫毛的浓妆妹啊！自然优雅的伪素颜才是老少通吃的王道啊！

有个姐姐曾经建议我，想快速找到男朋友就把所有大红色口红都扔掉，改涂肉粉色的，桃花运会好很多。我深知她的建议十分中肯，但是红唇是我的 logo，是我一生的挚爱，不会为了任何人改变。除了在素颜，和孩子老人相处，或者妆容、服装不适合搭配红唇的情况下，其他时候我都是大红唇示人。如果一个男人觉得我烈焰红唇气场太强不敢接近，那这种气场太弱的男人也不适合当我男朋友。

但是凭良心讲，清新温婉的妆容的确是最受同性和异性欢迎的。例如宋慧乔，就算你不喜欢她，至少也不会讨厌吧。所以在约会的时候，想要打造一个良好的第一印象，切勿用力过猛。请你抛弃浓厚的假睫毛和过于妖冶的粗眼线以及夸张的大红唇，照着宋慧乔或者高圆圆化妆准没错。一来自己节约了时间，二来男人的接受度高。

妆容讲完了，我们再来看看着装的问题。作为一个从来不为穿什么而发愁的女孩儿，我今天把自己多年坚持的 3W 原则作为三八节礼物跟大家分享，即 when，where，who，就是什么时候，去哪儿见谁，按照这个原则搭配衣服准没错。

例如冬天的下午在电影院约会，可以穿米色羊绒大衣内搭黑色毛衫，下着紧身牛仔裤再搭配一双7厘米的马毛短靴；夏天参加酒会，妆容可以适当加深，要么低胸长裙，要么经典圆领小黑裙。本着露胸不露腿、露腿不露胸的黄金原则，再加上黑色、米色、藏青色这种端庄的色彩，基本上就可以远离艳俗和风尘。

深秋的夜晚约在江边散步，可以穿 T-shirt 搭配棒球衫，下半身用短裙叠加 legging 增加层次感，然后穿一双他喜欢的品牌的球鞋，完美！为什么非要傻呵呵地在大冬天穿丝袜凉鞋在江边散步，既苦了自己又恼了对方还引发路人侧目呢？

很多女人对于穿衣打扮有一个误区，就是她们实在是太想众人瞩目、鹤立鸡群了。所以她们无论在什么场合做什么事情，都是浓妆艳抹、奇装异服地踩着一双恨天高的状态。众人确实都在瞩目她，只是带着鄙夷的眼神瞩目她，而她想要吸引的男神则永远不会对她投来倾慕的眼神。

所以我们穿衣打扮切勿用力过猛，生活不是走红毯，你也不是范冰冰。无论什么年龄什么职业，优雅大方得体整洁是永远都不会出错的。

还有很多读者在后台给我留言问运动的时候能不能化妆。我在健身房待了一年，首先我自己运动的时候是完全素颜的。特别是在做有氧运动的时候，全身毛孔打开，大量排汗。试想一下这个时候你的脸上有一层粉底和腮红，睫毛膏和眼线都花了，这是一幅多么恐怖的画面！我们健身是为了更好的身体、身材和皮肤，不是跑一次步毁一次容。我搞不懂那些在健身房浓妆艳抹，不穿运动内衣的女人在想些什么，难道你花了五位数买了 50 节私教课就是为了来勾搭教练的吗？

健身心得帖我会另外写，在这里只强调一句：不要带妆健身，对皮肤非常不好！

今天说了这么多，只是想告诉姐妹们：想要在爱情的道路上走得顺利，万万不可凭着一腔热血和自以为是去取悦男人。首先你得了解这些来自火星的另一种生物到底在想些什么。其次请把那些错误的、无用的、用来取悦男人的时间和精力投入到自己身上。你就会看到，你若盛开，男神自来。其实他来不来也无所谓，你已然是一位人见人爱的优雅 lady，哪怕你想要取悦的男神依旧不眷顾你，还有千千万万个男神排队约你喝咖啡、看电影呢。

多少异地恋，死于这两个字

前天主任在某个语音直播平台回答读者问题，有一位读者跟主任连线提出了这样一个问题："异地恋坚持不下去的根本原因是什么？"

我脱口而出："没钱。"

然后整个直播间就被"主任 6666666666""哈哈哈哈哈哈哈哈哈哈，扎心了老铁"给刷屏了。

这位读者不解地问，难道不是因为距离使感情变淡了吗？这跟钱有什么关系呢？

主任当时在直播里非常言简意赅地告诉他，所有感情都会随着时间不可避免地变淡，无论是异地恋还是同居。

只是异地恋会消散得更快一点，因为它谋杀了亲密关系里非常重要的触觉跟视觉，只剩下跟一部手机谈恋爱。

它势必会不可避免地走向灭亡，如果你不去做什么挽救的话。

所以钱在这段关系里就起到了不可替代的决定性的作用。今天跟大家分享我周围众多朋友里硕果仅存的两对异地恋修成正果，尚未离婚的例子。

第一对，男孩跟女孩是老乡，江浙人。女孩在武汉读大学，男孩去了英国。他们是大一的时候在老家联谊时认识的，并没有什么感情基础。两人一见钟情，也没顾得上距离遥远，就这么恋上了。

有一次女孩在学校高烧不退，就跟男孩说，真希望你在我身边。于是男孩立刻买票回来了，从他读书的那个村到伦敦，伦敦飞香港，香港再到武汉。

虽说折腾了48个小时才到女孩身边，女孩早就退烧了，但是换你你不感动吗？先不提临时买机票有多贵，想想十几个小时的飞机，连续在路上折腾48个小时，很多人都退却了。

我知道很多留学生都没能回来见家里老人最后一眼，所以女朋友一句"真希望你能在我身边"就立刻回来的，不仅仅是舍得钱，更多的，是舍得为你累，为你苦，为你付出精力跟时间。

只是钱是承载爱情的一艘船，如果连买机票的钱都没有，再爱你也只能对着电话干着急。

后来老这么飞，女孩都开始心疼机票钱跟男孩的身体了。因为每次只能回来几天，都来不及倒时差又要回英国。女孩就说，什么生日啊、纪念日啊都不要拘泥于形式了，没必要非见面不可。

结果男孩就开始了送包送首饰，随手发红包的旅程……再后来，他俩就结婚了，生了俩孩子，过得好好的。

如果你觉得，这种不差钱的富二代没有代表性，我再说说另一个朋友的例子。这一对是男的在美国，女的在武汉。这俩人谈恋爱第一天就是异地恋，总共异地了 7 年，最终修成正果。

他俩绝对算得上朋友圈里的传奇。

男孩课业非常紧张，有时间也没钱经常回国。于是他们就商量着，平常一起打工，给女孩攒机票钱，让女孩寒暑假没事的时候就去美国跟男孩一起生活，不仅可以体验下不同的文化，还可以练练口语。

比男孩回武汉只能吃喝玩乐有意义得多。

所以虽说是异地恋，两人日夜相对的时间并不少，同居的过程里也要一起买菜做饭，打扫卫生，磨合彼此的生活习惯。可以说，两人很早就适应了婚后的生活。

于是男孩研究生毕业回国之后，就顺理成章地结婚了。

这不是什么富二代烧钱维持异地恋的故事，就是一对非常普通、非常平凡的情侣为了多争取在一起的时间，共同奋斗的真实案例。

异地恋为什么需要钱？很简单，我想见你的时候我可以随时买张机票去看你，哪怕找公司请事假一周，扣工资我扣得起！

实在抽不开身，我可以给你买好机票订好酒店，邀请你来我的城市小住两天，我不过想要看你一眼。

如果我们都没时间，那就用送礼物、发红包表达思念，没毛病。

跟女朋友搞异地恋的男人们都看清楚了：各种纪念日人不能到，懂不懂在网上订一束花送到学校 or 公司？能不能提前选个像样点的礼物早点送出去，比如女朋友生日送条项链什么的？

这样，她跟闺密、同学一起过生日的时候可以戴着你送她的礼物。女孩们最想炫耀的是什么？并不是这份礼物有多贵重，而是你对她的宠爱跟用心！

鸡贼的套路少一点，暖心的套路多一点，世界将会变成美好的人间！

see？异地恋并不是有钱人的专利，但也绝对不是穷狗的日常！！

如果买礼物跟买机票对你而言都太奢侈，你不是不适合异地恋，你是根本就不适合谈恋爱！

跟谁在一起你都委屈人家了！

你现在最重要的不是脱单，而是脱贫！

爱情当然是无价的，但是我们不得不承认，很多时候它就是要用金钱来表达！恋爱如此，婚姻更是如此。很多异地恋都是到了结婚的关头分的手，为什么？还不是因为工作跟房子？

两个人无论到谁的城市定居，都要面对这些世俗问题；甚至往后走，还要考虑购买二套房，把对方的父母接过来养老这种问题。

所以我说缺钱才是扼杀异地恋的元凶，你仔细想一下，真的是没毛病。

你看看人家杨幂刘恺威，从谈恋爱到孩子上幼儿园了都一直在异地恋。

记得以前杨幂上《金星秀》的时候，金星问她："如果要给你父母买一套房子，你会和恺威商量吗？"杨幂不假思索地回答道："不会，因为我自己买得起啊！"

你看，什么样的夫妻才能 hold 得住异地婚姻，真的是不差钱的夫妻！在这里主任也要强调一句，异地恋也好，异地夫妻也罢，赚钱养活你们这段感情的重担不能只压在男人身上！

不然你到底是女朋友还是外围啊？结婚了你是正房还是二奶啊？

一对情侣，应该根据自己的收入，按比例分摊恋爱成本，没毛病。如果一个女孩把异地恋的所有成本全压在男人身上，是不是太自私了一点呢？

像我朋友那样，两个人一起打工赚机票，一起朝着长相厮守这个目标去努力，是不是更有意义一些，在这个过程中感情也积累得更为醇厚一些呢？

毕竟男女之间，最高境界不是激情也不是爱情而是情义。有情有义，既是情侣，也是兄弟，这种感情是最牢不可破的。

然而一起共过事儿，为了同一个目标并肩战斗过的，那才叫兄弟啊！

所以说，异地恋的小情侣们，你们最关键的真的是赚钱。只有钱才能缩短你们地理位置上的距离。只有共同奋斗（赚钱）才能缩短你们内心的距离！

别每天就是吃了没、喝了没、睡了没、洗澡没？再要么就是想我没？多喝热水！这根本不叫培养感情！这叫消耗热情！

爱是什么？不是言语上不痛不痒的关怀，而是，在你需要我的时候，我可以跨越几千公里立刻飞到你身边！当我想要表达爱意的时候，我随时买得起你心仪的礼物寄给你。

不要羞于跟爱人谈钱，更不要觉得铜臭会玷污了你的爱情。

爱是我可以心安理得地花你的钱，也会兴高采烈地给你花钱。为你挑礼物跟收下你的礼物，我的心里是同样的欢喜。

无论是不是异地恋，都要记住这一点！

在爱情中，挑剔其实是一种美好的品德

去年这个时候，一个 1994 年生的外形犹如日本女团主力成员的小妹妹让我给她介绍男朋友。我问她有什么要求，她托着下巴望着我说："姐姐，我只有一个要求，不要找外形像大街上任意一个路人甲就行。"

她当时说的武汉话，原话是："我不要找该边哈滴（街上的）！"逗得我哈哈大笑，但是纵观我身边年龄跟她比较搭的单身男青年，不乏事业有成的和家境殷实的。

但真的没有长得特别帅的……

我只好矮子里拔高子，给她介绍了两个长得最周正的，这姑娘都没看对眼。我并不觉得这有什么问题，可能站在我的角度考虑人品和性格的因素多一点，但是她基本上只看脸。

再后来她都不好意思让我介绍了，1994 年生的小姑娘就这么单身了快一年。昨天她在朋友圈发了一张合照，跟她脑袋顶脑

袋的那个男孩长得很像吴磊，我突然就明白之前我介绍的那两个她为啥看不上了。

这个对比完全就是吴磊和他身边的工作人员。

后来小姑娘跟我说，这个吴磊是打游戏认识的，比她还小一岁。没房没车没存款，但是打游戏超级厉害，长得帅又温柔，她对这个男朋友很满意，觉得一年没白等。

我微笑着祝福她，末了，她对我说："谢谢姐姐之前给我介绍男朋友，也谢谢你从来没有觉得我挑剔。"

我常听人说："连你这种姑娘都单身，肯定是因为太挑剔。"

对于这种论调，我从不反驳。

是啊，我就是很挑剔啊！我买包餐巾纸都要找代购买妮飘的鼻子贵族，买盒牙线也要买遇水会膨胀的带薄荷味道的那种，收过我红包的朋友都知道我送出去的红包是定制的，上面印了一个烫金的柳字。

对于生活的每一个细枝末节，哪怕是一次性的红包我都如此挑剔，凭什么找男人我要应付？我要随随便便地找个路人甲凑合一下？

你来告诉我，凭什么？

我像蚂蚁一样辛勤地工作，把我渴望的一切一点一点搬回家。为了新的事业频繁出差，常常早晨起来不记得自己身处哪座城市。一月份买回来的那只加菲猫，现在还寄养在宠物店，我每天都担心它把我忘了。

我们女生这么拼到底是为了什么？就是为了让实力配得上咱们的挑剔。

曾经你看了好久的试色图都没有下决心买的那只 CF 口红，曾经你只能在橱窗外看看的 Tiffany 项链，曾经你盘算着还要攒多久的首付才能搞定的 dream car 如今都不再是问题。

没有人再质疑你对生活的要求是不是太高了，因为所有人都觉得只有这种生活才配得上你，你这种女人就应该过这种生活。反而你自己开始放低姿态，开始尝试一种接地气的生活。

后来你发现，原来国产口红也挺好用的，原来淘宝上两百块包邮的首饰戴着也挺有腔调的，原来很多东西真的不是越贵越好，在质量和价格之间还是存在一条黄金中线的。

那么，找男人也是这个道理啊！！当初大家都质疑章子怡为啥嫁汪峰！你们看这跟从 CF 女王的权杖买到国产口红是不是一个道理？是不是一种逻辑？

所以我从没写过这个话题，因为我完全能够理解她。章子怡的前男友，哪个说出来不是吓死人？从华纳总裁 Vivian 到皮裤天王汪峰的过程不就是从 Tiffany 买到淘宝首饰是一个道理吗？

可是在《卧虎藏龙》第一次拿影后的阶段就让她嫁汪峰，她能乐意吗？能心甘情愿吗？能好好过日子吗？

不可能！

所以说，章子怡找汪峰是一种妥协，一种自我放弃吗？

当然不是，汪峰也是她挑挑拣拣的结果，只是在这个挑剔的过程中她考察的指标和侧重点发生了变化，而我们这种吃瓜群众体察不到罢了。

一个十分挑剔并且有资本挑剔的女人最后嫁了一个大家看不懂的男人，并不是"挑到40岁最后不得不对生活妥协"了，而是她真的知道自己要什么了，并且毫不在意他人的眼光了。

握在自己手里的幸福比看在别人眼里的幸福要重要太多太多。

她有太多让人羡慕嫉妒恨的资本了，所以在找男人这件事上，真的没必要找一个拉仇恨的了。你爽他爽不如自己爽，媒体高兴粉丝高兴，不如她自己每天偷着乐。

这个问题没想明白之前的种种挑剔都不过是自己跟自己较劲。

"我堂堂一个女博士，怎么能找一个二本毕业的老公？"

"我净身高172厘米，凭啥找个穿了鞋175厘米的男朋友？"

"我年收入50万元，为什么要找个基层公务员？"

"我长这么好看，为什么要找个长得像宋小宝的啊？"

当你提出这些问题的时候，要想清楚到底是你自己无法接受这样的男人还是你无法接受大家知道你找了个看上去配不上你的男人。

我从来不认为挑剔有什么问题，前提是挑剔让我们的目标更精准，获得幸福的可能性更大，而不是和原始目标背道而驰，为了挑剔而挑剔，最后自己把自己耽误了。

要说挑剔还有什么好处，当然有！它就像一把鞭子时刻抽打着你去成为更好的自己，去拥抱更好的生活，去匹配你挑剔的一切啊！

喜欢男神没有错，想找高富帅也没毛病，在这个过程中不断提升自己的价值去匹配你的眼光才是挑剔最大的价值！

即使最终未能如愿，那又如何？你已然成为了更好的自己，还愁没有优质的男人追求你吗？

解决了挑剔的第一个问题，我们再来谈第二个：挑剔是一个坏毛病吗？并不是，它只是专一的另一个名字。

我有一个嗜好，每到一座城市就去酒店附近的便利店买当地的酸奶。今天看到三款我没喝过的，都想尝尝，5秒钟都无法决定买哪个，就都买了。

我突然意识到，那些很难谈恋爱或者走入婚姻的人，你可以说他们挑剔。但至少有一点可以肯定，就是他们没意识到或者根本没想过还有"都买"这个选项。

他们一直期待着心中的唯一，所以一直等一直选一直纠结，所以挑剔也可以理解为另一种专一。

相反那些永远保持恋爱状态，特别容易脱单的人，要么就是不挑剔，要么就是本能地觉得找对象跟买酸奶一样，不知道选哪个那干脆都买好了。

所以，当你遇到一个比你更挑剔的男人，你真的要好好把握。在这个一天喜欢三天爱，七天追不到就拜拜的年代，挑剔真的算是一个美好的品德了！

宁缺毋滥总好过不挑不拣，一个很挑剔且品质对得起自己眼光的男人，他至少不会有一个low破天际的前女友蹦出来给你添堵。

挑剔的人，找到了ta心目中的那个万里挑一，一定会好好珍惜，因为第二个太难找了。不挑的人，看谁都是命中注定，你还指望他对你一往情深吗？

论大美人的择偶策略

90 年代的香港是美人辈出的年代，对比现在整容流水线做出来的千篇一律的上镜脸，那时候的美人可谓各具特色，别具风情。

从王祖贤到林青霞，从李嘉欣到邱淑贞，从张曼玉到钟楚红，个个都是独具风流的大美人。她们每个人都有令我欣赏和着迷的地方，但是要论择偶策略，我最服气的还是李嘉欣。

亦舒评李嘉欣：美则美矣，毫无灵魂。我想说我要是能长成这样，还要什么灵魂？

看看李嘉欣 20 岁出头刚出道的样子，再看看如今 47 岁的她挽着公公陪着老公出席某大佬葬礼的样子。即使无情岁月带走了胶原蛋白，即使瘦骨嶙峋饱满不再，她依然是人群里最夺目的那一个。

不惧时光的美人，才算得上是大美人。

再看看同场出席的旧爱刘銮雄，在保镖和老婆的陪同下，挂着拐棍，蹒跚而行，看上去老态龙钟。也不知道李大美人看到这一幕作何感想。

1988年，18岁的李嘉欣以压倒性优势获得"香港小姐"桂冠随后出道，她"最美港姐"的美誉30年过去了至今仍无人可以取代。

这样一个演技平平、毫无背景、性格又桀骜不驯的女星能在娱乐圈混到如今的江湖地位，全凭美貌护法，一路开挂。

小美人严重依赖服装、造型、灯光、后期，大美人不管穿什么依旧是大美人。

美艳不可方物，形容的就是李嘉欣这样的女人。

嫁入豪门的大美人不占少数，但是出身平凡、情史丰富还能嫁入豪门的大美人，全香港就只有她一个了。

今天主任就来扒一扒李嘉欣这种大美人的择偶策略，希望能对大家有所启发，在爱情里不要沉迷跪舔，迷茫困顿，一路犯傻。

李嘉欣出道至今只找过三种男人：有才的、有貌的、有钱的。

例如周慧敏的老公、亦舒的侄子倪震，当年就是李嘉欣参选港姐的评委之一，比赛还没结束就被李嘉欣迷得七荤八素，交往了一段时间以后因为书香门第无法接受李嘉欣而分手。

后来大美人又跟黎天王因戏生情相爱过一段时间，由于不被黎天王所承认，李嘉欣果断与之分手。

20多年后，仍然可以携老公看旧爱的演唱会，三人亲密合影。李嘉欣这个情商，我是服气的。

告别了才子和天王，李嘉欣就开始了与富豪们的长征。在追求者名单里还有前京城著名娱乐场所天上人间的持有人覃辉，她看不上，说对方"无才又无财，当个过路朋友吧"，后来这位老板就落马了。

看来李嘉欣并没有把金钱作为择偶的首要标准，一个追求者全是富豪的女人，更在意的往往是金钱以外的东西。

2006 年，李嘉欣在《志云饭局》上，承认自己做过第三者，伤害过别人，也坦白曾经爱上过刘銮雄是因为他身上并存的霸气与细心。

"有时候礼物不是只有贵的才会让人开心，有一天我所住的大厦停电，晚上突然肚子很饿，他在半夜走了 20 多层楼梯送肠粉给我，我就会觉得真是很开心。"

"他的女朋友太多了，这点我不能接受，所以就分开了。"但两人私底下关系还是很好。

2006 年，李嘉欣正在和许晋亨谈恋爱，36 岁生日当天，一家报纸的整版被包了下来，祝福李嘉欣生日快乐。

当时所有人都以为是许晋亨，谁知道第二天刘銮雄自己跑出来承认是他登的。他说："嘉欣是我的好朋友，虽然分开了，我还很疼她，登广告给好朋友，希望她快乐幸福。"

大家都在猜测两位好事将近，结果没过多久她就和许晋亨宣布结婚了，全港媒体一片哗然。

李嘉欣从来都不是那种愿意在自行车上哭的姑娘，她也不愿在黄金屋里哭，她只想在黄金屋里笑。

古今中外有很多美貌又贪婪的女子都想在黄金屋里笑，事实证明那只是痴心妄想。

但李嘉欣不同，她永远都知道自己最想要什么，并且义无反顾地舍弃掉第二想要的，坚决执行直到达成目标。

在铺满玫瑰花的房间里，许晋亨手握一枝玫瑰跪地求婚，然后身后出现一队人，手上是各式各样的求婚戒指。李嘉欣 po 出的婚礼照也意味深长，在许家大宅里，她神采飞扬地比了一个 V字手势，这就是她最想要的那种结局。

作为一个不讨公婆喜爱的媳妇，结婚后的她并没有抱着家规低眉顺眼地扮演一个标准版的豪门媳妇，而是该工作工作，该生娃生娃，以及和老公没完了地秀恩爱。

小时候，她就可以会考成绩拿到 4 个 A，这种成绩全港也只有几百人。长大后，因为港姐选举放弃学业，她还很难过，和刘銮雄拍拖的时候，刘銮雄鼓励她学习，还从英国大学里找教授教她英文。

除了广东话、上海话，李嘉欣熟练掌握英语、葡萄牙语、意大利语、日语。虽然没有漂亮的学历，但是谁都不能说精通四国语言的李嘉欣只是一尊大花瓶。

李嘉欣十分热爱运动，经常在微博上 po 出自己运动的照片。跑步、瑜伽、器械，样样在行。

从外表到能力，她从未放弃过自己。就算结婚生子尘埃落定，就算年近五十、息影已久，那又怎样？一个大美人的自我要求摆在那里，不会因为现世安稳、岁月静好，不再需要靠美貌去搏生活而改变一丝一毫。

这股子韧劲以及对自己的狠劲或许是比容貌、身材、赫赫声名更厉害的武器，助她一路所向披靡，去追求她心中想要的。

李嘉欣是一个让人服气的女人。天涯上有个专门扒女明星当小三的帖子，话题之劲爆、言语之刻薄令人咋舌，连高圆圆都被贬得一文不值。

只有她李嘉欣，提名无数次，无人苛责之。

后来我想了想，虽然80%的恋情她都是以第三者的身份介入，但是一旦发现对方没有选择她的坚定，便头也不回地转身离开。

无心恋战，绝不纠缠，迅速转移目标。

当小三是不好看，可是一个女人在一段拥挤的感情里垂死挣扎面露獠牙的样子更丑，不是吗？一段感情怎么能容得下那么多人？李嘉欣如是说。

虽然姿态不好看，但是李嘉欣在爱情里一直维持着高自尊。她一旦感受到了来自一个男人的怠慢与敷衍就会立刻放弃掉他。

你送的跑车豪宅我收下，凡事睁只眼闭只眼的豪门太太我当不起。

这个理智、现实、拎得清的女人当然也吃过男人的苦，只不过她从未抱怨过。媒体传出来的只有她大骂刘銮雄的电话录音，这位咳嗽一声香港经济就要抖三抖的超级富豪在电话里唯唯诺诺，伏低做小，真叫人汗颜。

爱情不过就是有时候人负我，有时候我负人，总体上微笑和眼泪还是持平的。大美人和普通妇女的区别就在于，她们宁可摆出一副"伤害你并非我本意"的样子，也不会惨兮兮地扮演一个受害者。

所以古装片里寡情冷血的人设都是大美人，苦守薄情郎的怨妇们则全是黄脸婆。

婚后的李嘉欣一改昔日风流形象，10年来毫无绯闻。跟二世祖里的明星脸老公游山玩水，滑雪跳伞，状态绝佳。也有人嘲笑李嘉欣一生傍富豪，最后只嫁了个名下无产业、终生吃信托的二世祖。

我觉得这种人还是眼皮子太浅了。

李嘉欣小姐跟一众富豪纠葛十几年，你觉得她会缺钱吗？皇冠她早就有了，婚姻对她而言无非是皇冠上的那颗珍珠。她要的并不是富可敌国而是名门望族，所以继承了 old money 的富贵闲人就是她最理想的选择。

爱过才子，恋过天王，跟过富豪，最后嫁了个有男明星外形的富贵闲人。纵观娱乐圈我找不到比李嘉欣更懂择偶策略的。

如果她活到 70 岁闲来无事出本书，我想我会买的。

你永远遇不到一个懂你的男人

上周直播教大家化妆，有个迷妹留言说："主任，我男朋友完全看不懂我精心描绘的妆容！真是气死人！！"

"我打侧影，他非常惊恐地问：你是被谁打了吗？！说！哥给你报仇！我画咬唇，他问我是不是生病了，要带我去看病！我画卧蚕最经典，这哥们儿直接吓得往后退了三步，说我好可怕！"

"主任你说，男人是不是永远看不懂女人的妆容？"

我被逗得哈哈大笑，男人看不懂的又何止女人的妆容，实际上女人的一切他们都看不懂，最看不懂的大概是女人的心吧。

常听人说："我要求一点也不高，就是想找个懂我的男人。"每每听到这种话，我都会在心里翻一个巨大的白眼："就这要求还不高？世界上没有比懂你更高的要求了吧？"

丑男可以去整容，穷鬼可以去赚钱，不懂得怎么关心人的问问百度都能搜出一套完整教程，你照着做就是。

唯独弄懂一个女人的想法这件事，没有任何案例可以参考，没法儿投机取巧，甚至偷不得半点懒。甚至爱你是可以伪装的，但是懂你是装不出来的。

你一个眼神代表了哪三种情绪，你说的那句"随便你"是真生气还是假随和，"只要是你送的礼物我都喜欢"是客套话还是真心话，这些问题的答案怎么可能猜得出来？

所以说，懂你这件事真的来不得半点虚假，他懂不懂你，你心里跟明镜似的，想要自欺欺人都没办法。

首先，懂你是需要时间累积的，刚刚交往两个月的男人，别说他不懂你，你也不懂他啊！！

不要说男人了，你就是养条狗，两个月你也摸不透它到底喜欢吃哪个牌子的狗粮、喜欢去哪个公园遛弯儿啊？更何况是一个人！

在这个速食爱情的年代，大家分分合合都太快，就别去抱怨一个男人不懂你了，首先你要给他足够的耐心和时间去读懂你。

感情是需要培养的，男人是需要教化的，没有一个人是为了懂你而来到这个世界上，如果你没有耐心去培养跟磨合，就不要问为什么每个男朋友都不懂你。

互相理解是需要时间的，你一个眼神我就懂，则需要更多的时间。

其次，你要做一个容易被理解的坦荡的女人，而不是纠结又拧巴的女人。

就像林黛玉，明明心眼小，什么都介意，明明爱贾宝玉爱得要死，嘴里说出来的却是：

"平时跟你说不要喝冷酒你不听，宝姐姐一说你就听；我才疏学浅，宝姐姐真是什么书都读过啊；史姑娘说我长得像戏子也就罢了，你跟着起什么哄？难道你也嫌弃我？"

你说这叫只有十几岁的二逼小少爷贾宝玉如何理解？

为什么不能直接说："我就是见不得你跟薛宝钗那个绿茶婊走太近！我不屑于掉书袋并不代表比她懂得少，我只是不爱臭显摆，但是你心里要有数！我才是大观园第一大才女，OK？"

"最后，别人开我玩笑我不介意，你不能跟着笑！更不能表示赞同！我男人任何时候都要维护我，不然你就去死吧！"

她如果是这种有话直说、不拐弯抹角的爽快性格，或许可以身体好一点、活得长一点。没准还可以跟贾宝玉喜结良缘，就不会在他和别人的新婚之夜吐血而亡，活活把自己气死了。

话说我年轻不懂事的时候也是个大作，酷爱生闷气、玩冷战，从来不肯有话直说，非要别人猜。可男人又不是你肚子里的蛔虫，必须猜不到啊！

然后我就更气啊！就发脾气啊！他就觉得我是一个情绪不稳定的神经病啊！哄也哄不好啊！就很有挫败感啊！既然如此，我就找个我哄得好又对我满意的女朋友吧！于是我就这样把男朋友作没了啊！

后来我深刻意识到了自己的问题，再加上白羊座本身就直爽的性格，再也没有因为"你不懂我，我就生气"这种无聊的问题跟男人扯过皮。

跟男人这种单细胞动物沟通是有技巧的，比如他送了你一个你根本不喜欢的生日礼物，你要怎么办？

第一步，表示对他的感谢，至少他记得你的生日并且给你买礼物了。

第二步，直接告诉他你喜欢什么，相当于考试划范围，让他下次照着买。

第三步，跟他说，告诉他这些是不想让他破费，买到你不需要的东西，还不如花更少的钱送你喜欢的东西，俩人都开心。

千万不要害怕男人觉得你太直接，或者主动提要求不好，可以按照主任的办法试试。

直男是很怕麻烦的动物，你不能用自己的女性思维和内心的小九九去衡量他。

无论男人喜欢什么样的女人，他们的共性都是喜欢相处轻松舒服的女人，而不是成天让他绞尽脑汁猜来猜去的女人。

他问你想吃什么，就不要说随便了，换成"川菜粤菜二选一"；他问你想要什么，就不要说"你猜吧"，换成"包包鞋子二选一，你送的我都喜欢"。

沟通不费力，是女人非常重要的竞争力。有时候不是他不懂你，而是你让人很难理解。如果话都说到这个份上了他还是无法让你满意，那就分手好了。

这个男人不行怎么办？下一个！我还不信个个都听不懂人话了！

我有个阿姨，堪称贤良淑德的典范，30年来尽心尽力照顾老公、儿子无怨无悔，但是夫妻关系始终很紧张。

阿姨的老公是个木讷内敛的摩羯座，就是那种我把工资卡给你，你爱买啥买啥，但是不要指望我给你准备惊喜。你有什么要求，我尽量满足，但不要指望我说任何甜言蜜语。

阿姨有一次跟我抱怨："我跟你叔叔结婚30年，他出差的时候从来不会跟我打电话，除非家里有事，我不知道为什么别人老公下飞机了都会报玉安，到酒店了也会说一声，忙完工作还会打电话问老婆要不要带什么特产回来。

"你叔叔一出差就跟丢了手机似的，从来都不联系我。我先前以为他有什么见不得人的事，但是我半夜三更打电话到酒店，他也确实在睡觉啊！平常跟他打电话，他也秒接啊！晚上跟他发视频，也一切正常啊！"

"他为什么就不能像别人老公一样出差的时候跟我打电话！"

"那你为什么不能直接告诉他，你想要他跟你打电话呢？"
阿姨被我问得愣住了，悻悻地说："算了，这么多年都过来了，我现在说他估计也改不了了。"

我不再说什么，但是我常常在想："不是这么多年的习惯改不了，是你从来不说，他根本意识不到自己的问题，所以才会养成你讨厌的习惯。"

所以说，女人不要觉得男人就应该懂得你想要什么，清楚自己应该怎么做。更不要觉得主动提要求很跌份、很掉价。

有时候，两个人的问题就出在一个不说，一个瞎猜。大家打开天窗说亮话，一切问题迎刃而解。

当然更多情况是，你苦口婆心地说了很多，他还是不懂你。

另一个阿姨，我闺密的妈妈，年轻时是著名的青衣，超多人追！后来嫁给了一个搞化学研究的小伙子，也就是闺密的爸爸。

再后来的 30 多年里，这个理工男白天在学校教课，晚上在实验室做实验，三更半夜回到家继续看书搞研究。任凭阿姨在家唱戏跳舞、读诗朗诵，他都不为所动，就像没看见一眼。

阿姨今年 60 多岁了依然漂亮有气质，跳广场舞的时候一堆老头儿围着她转，唯独她老公看都不看她一样。

你说这种生活痛不痛苦？当然痛苦！压不压抑？必须压抑！

一个文艺女跟一个工科男怎么过得到一起去！

可是你知道阿姨是怎么说的吗？

她说："男人搞不懂咱们，没关系！咱们女人这辈子最重要的是自己搞懂自己！你要找到自己的特长和爱好，从中发现生活的乐趣以及自我的价值。"

"婚姻并不是女人的全部，它不是背在你身上的壳，只是你生活的组成部分。与其整天为他不懂你而置气，倒不如和懂你的志同道合的朋友一起发展共同的兴趣爱好。"

"他不欣赏你没关系，你要学会自我欣赏。他不称赞你也没事，走出去，还有很多人称赞你。不要把自己的快乐建立在对男人的改造上，你的幸福指数才高。"

你看看，阿姨的生活智慧小姑娘们真是比不了啊！

所以说，你永远遇不到一个懂你的男人，这或许是真的，但是即便如此，也没有那么糟糕。

早早认清这一点，早早抛弃不切实际的幻想，用正确的方式跟他们沟通，也很有可能把一个完全不懂你的人培养到大家可以心平气和地沟通、舒舒服服地相处。

实在不行，要么换人，要么自己权衡一下在这段关系中"被理解"是不是你最重要的诉求，再看看是换个男人还是调整心态，抓大放小。

毕竟，比起找个懂你的男人，女人更重要的是弄懂自己，取悦自己，不是吗？

你不理我，我也不理你

我曾经看过一个微博段子写得挺有意思，说的是：你不找我，我也不找你；你不理我，我也不理你；我知道你很酷，但是老子比你更酷。虽然有点无厘头，但是它倒是点出了这个时代很多女性不具备的特质，这个特质叫矜持。

女人的矜持其实是一种这个时代所缺失的很酷的品质。但是我总觉得，坚持这份酷劲的女人更容易被珍惜，也更容易收获长久的幸福。

无数情感专家和公众号大 V 都呼吁在 21 世纪，女性要主动要倒追，要勇敢地追求自己的幸福。结果呢，幸福没追到，还把无数男人惯成了不主动、不拒绝、不负责"的"三无"渣男，更有甚者直接变成了"神州炮王"。

常听女友感慨："这个时代的男人都被惯坏了。无论外形和条件有多烂，都有要死要活倒贴他的女人。所以男人不用做任何努力都可以找到女朋友，只要标准足够低。可是女人呢？竟然要靠倒追跟倒贴来找到一个男朋友。简直是疯了！"

虽然我对以上言论表示赞同，但是每次听到这些都有种"我深知事实如此，但这跟我没什么关系"的疏离感。世道再坏，你也可以选择独善其身而不是随波逐流。

你要相信，那些男人再差劲也跟你没什么关系。

他们本来就不是你的目标客户。

10 年前你要找的那种男人是百里挑一，现在被没底线又酷爱倒贴的女人们惯成了千里挑一，可他仍然是存在的。没遇到的时候就经营好自己的生活，不要自怨自艾。遇到的时候，就好好珍惜你的千里挑一，不要瞎作。

这就是我质朴又通俗的爱情观。作为一枚已经嫁给工作的单身狗，我已经很久很久没有为感情的事烦恼过了，可是每天都会收到陌生人的求助信，让我帮她们解决她们自己的烦恼。

比如说，常常有读者问我："男朋友工作忙没时间陪自己怎么办？甚至电话一天都没有一个，微信几个小时才回复。有时候觉得很委屈，有时候又觉得应该体谅他，每天都很纠结。"

我通常会回复：你需要的并不是强迫自己去理解他，而是让自己忙碌起来。这个世界上并不存在感同身受这回事，真正理解一个忙碌男人的唯一办法就是让自己变得更忙碌。

说到忙碌，很多人有种误区，那就是：忙碌是成功人士的标签。满世界飞的都是大明星，连轴开会的都是 CEO，我们普通上班族有啥好忙的？No！话不是这样讲的！

我认识一个作家姐姐，每天早上6点准时起来练瑜伽，紧接着陪孩子吃早餐送他上学。回家后开始写稿到12点，午饭过后去健身房，忙完了去买菜然后接孩子回家。晚上看一部电影或者半本书，然后陪孩子玩会儿再哄他睡觉。

她的日子过得特别充实，连老公约她出去二人晚餐都得提前跟她约时间！哪有时间疑神疑鬼？哪有时间紧盯出轨？哪有时间患得患失？

反倒是她老公成天担心高度自律的老婆身材太好被健身房的小鲜肉惦记，一天给她打N个电话。所以是否忙碌充实跟你的职业属性无关，只和你的生活理念和人生追求有关！

当你的生活充实了，也没空管他理不理你了。到时候谁没空搭理谁还不一定呢！

大部分女人不是被男人浪费了青春，而是在闲散度日、得过且过中蹉跎了年华。

所以让自己忙碌起来，充实起来，你才不会纠结于他理不理你、爱不爱你、是不是有别人这种无聊的问题。

男人没有事业重要，事业没有自我实现重要。当你一心征服珠穆朗玛的时候，还会在意山底的几块破石头吗？

一切问题，说到底都是格局问题。

就像我的偶像香奈儿一样，有一次她的助理问她："您对我严厉又冷淡，是因为讨厌我吗？"正在工作的她头也不抬地回答：

"你认为我几点钟有时间讨厌你？"

在助理眼里，老板的喜恶大过天，生怕龙颜不悦，饭碗不保。正因如此，所以她目前只能当个助理。如果不过分专注于人际关系而是利用一切机会跟在香奈儿身边学习，我想用不着3年，她就一辈子都不用再给人当助理了。

到时候香奈儿喜欢她还是讨厌她，又有什么关系呢？分分钟成立自己的品牌，搞不好卖得比香奈儿还要好！然而香奈儿之所以能成为香奈儿，正是因为她这一生都专注于自我实现，对旁人的评价、感情的得失、男人的去留都毫不在意。

我不理你并不代表我不爱你，只是自我实现比爱情更重要。

你一心追求自己的理想，而不是困顿于昼夜、厨房和爱。有质感的男人才会奉上真心展现诚意来追求你。爱情并不是等来的也不是追来的，它是两个独立又有趣的灵魂互相吸引。

所以，你不理我，我也不理你，这并不是什么小女生无聊的怄气，而是一个大女人的矜持和格局。我们没那么多时间和心思花在男人身上，去盘算你为什么不理我，你不理我的时候都在干吗，你为什么老想静静，静静到底是谁？

所有的人际关系都是流动的，变化是世间唯一的永恒。

如果男人对女人的认知还停留在"你在浪迹天涯，她在等你回家；你在蹦迪泡吧，她在等你电话；你在朝三暮四，她在炕上绣花"的层面上，那是注定要被新时代的cool girls打很多个耳光的。

第五章
婚姻从来不能把谁变成一个更好的人

婚姻从来都不是谁的第二次投胎

常听人说，婚姻是女人的第二次投胎。这句话听上去似乎没有什么问题，也没有情感专家质疑过它，可我却越来越觉得，相信这句话的女人也许会在择偶和婚姻中越走越偏。

为什么呢？因为它把婚姻的功能性放得太大了，让太多女人相信：一段婚姻足以改变自己的人生。她们害怕一段凄凄惨惨的婚姻把自己推入万劫不复的深渊，同时也憧憬着一段幸福美满的婚姻可以把自己从心灵到物质、从内在到外在都提升好几个档次。

你若问我婚姻重要吗？它当然重要，但跟我们整个人生比起来，也不过是一件重要的小事。我非常重视婚姻，同时也非常严格地挑选结婚对象（导致我现在也没嫁出去），但并不意味着，我把婚姻当作改变我人生轨迹、提高我整个 level，甚至影响我全部人生的途径。

然而那些指望着在婚姻中投胎的女人，是注定会失望的。结婚不过就是找个人一块儿搭伙过日子，它绝对没有化腐朽为神奇的力量。你结婚前的所有问题，都不会因为一段婚姻得到修复。你指望着婚姻能够给你安全感，给你物质保障，给你阶级提升。但婚姻只不过是一面镜子，它不仅折射出了你的需求，更多是折射出了你的本来面貌。

如果你是一个物质匮乏的人，也许可以通过婚姻获得生活保障，但是你无法通过婚姻获得赚钱的能力。除非你本身就是一个具备这种能力的人，然而你若是具备，一开始就不会物质匮乏了。

如果你是一个精神贫瘠的人，或许可以通过婚姻找到一个思想丰盛的人。你认为在深度交流的过程中你的精神世界会有所提升，其实并没有。因为你模仿不了他的思维模式，你也很难把他读过的书、走过的路、经历的人都复制一遍。然而，正是那些你无法复制的东西，铸就了此刻的他。

如果你是一个情商低，甚至人格不完善的人，也很难通过嫁给一个高情商、人格完善的男人解决这一切。并且高情商的人基本上不会去选择低情商的人，因为他们明白提高一个人的情商是一件很困难的事，同时也不愿意被低情商的人折磨。

如果你仅仅是颜值低的人，更不可能通过找个颜值高的人变成高颜值，所幸的是，下一代的颜值可以通过你的婚姻提升（前提是你伴侣的高颜值是天生的，写在 DNA 里的）。

所以说，无论一段婚姻能够提供给你什么，它都无法解决你

30 年来都解决不了的根本问题。你的问题，深埋在树根里。而婚姻只是树叶，它甚至连树干都不是。你想要枝繁叶茂，首先这个根必须是健康的，而不能指望去移植嫁接一些看上去生机勃勃的树叶，就能让树根变得健康。

我们都指望婚姻可以改变我们，却常常忽略了，其实是我们在改变着婚姻。婚姻中的种种矛盾和丑陋，不过是婚姻中人格不完善的两个人，个人问题的碰撞和激化。而婚姻中的美满幸福，不过是两个美好丰富、懂得付出的人爱的累积。

一段婚姻不可能把恶变成善，把穷变得富，把所有的错误变得正确。然而婚姻这场冗长的鏖战，却悄无声息地消磨着我们的耐心和爱。有可能把善变成了恶，把富有变成了贫穷（无论是思想上还是物质上）；甚至一开始正确的事，到后来也发展到了错误的轨道。

简单说，婚姻无法把你变成一个更好的人，琐碎又复杂的生活却常常可以把你逼成一个更糟的人。那些结婚后越来越好的人，往往婚前就已经挺好了，他并没有严重的缺陷指望通过婚姻来修复，他对婚姻没有那么多不切实际的幻想。

拥有的足够多＋合理的期望值＋一个对的人＝幸福美满的婚姻

往往那些自己不够好、要啥啥没有的人都对婚姻有着超高的期望值，比如凤姐。她们幻想着能够找到一个人满足自己所有的要求，弥补自己全部的缺点，包容自己大大小小的问题。这怎么可能？他是上辈子欠你的吗？

野鸡飞上枝头变凤凰的例子不是没有，比如邓文迪。但是邓文迪可不是一般的野鸡，她只是出身平庸罢了。如果你知道她是如何从中国去到美国，如何在 22 岁的时候嫁给一个 55 岁的美国人获得身份，如何从一个普通大学进入耶鲁商学院，如何成功搭讪默多克，你就会知道，不是嫁给默多克让她有了今天，而是她自己澎湃的野心、学习能力甚至是不择手段让她有了今天。

虽然主任并不认可这种不择手段的上位方式，然而离婚后的她依然是世俗价值观里大写的人生赢家。

然而那些仅仅凭借着年轻貌美嫁入豪门的姑娘，却没有一个在离婚后可以不依赖巨额赡养费，仅仅靠自己的能力和人脉过上婚姻中的优质生活。一段婚姻和一个男人也许可以为你提供平台和资金，但是会不会合理使用、能不能充分利用真的要看你本身是否具备这样的能力和觉悟。

毕竟有多少女人在挥霍着富豪老公的万贯家财时，会去学习他是如何赚到的？又有多少女人有能力让老公的财富翻倍呢？通常具备这种能力的女人，她自己的事业也做得风生水起。人家不叫飞上枝头做凤凰，人家本来就是凤凰。

如果你是一个把婚姻视作第二次投胎的平庸女人，那么婚后你就是别人叫不出名字的王太、张太和李太。过得再不幸你也不敢离婚，因为你必须紧紧握住这来之不易的投胎机会。

有个女人一生结过 8 次婚，丈夫从富豪到明星什么样的身份都有。然而，无论在婚姻中还是婚姻外，她都是万众瞩目、无可替代的巨星，她的名字叫伊丽莎白·泰勒。

所以婚姻从来都不是女人的第二次投胎，它顶多是抢地主的时候我们抽到的那三张牌。能不能打赢，从来都不取决于那三张牌，而是你本来就握在手里的牌和你自己打牌的水平。

所以说姑娘们醒醒吧，别再指望依靠婚姻改变命运了。你的命运只有牢牢把握在自己手中的时候，才不会活得像浮萍般飘零。与其有那个时间和精力跟千百万个想要通过婚姻改变命运的姑娘抢一个好老公，还不如用来投资自己，提升自己。

你完全有能力改变自己的命运，自行投胎，而不是指望靠婚姻改变命运，你既指望不上，它也改变不了。别去羡慕那个万里挑一的灰姑娘，要知道鞋子如果真的合脚，那么一开始就不会掉。

灰姑娘的故事结束于盛大的婚礼，因为我们都知道，后面会发生的事不会像童话故事里写的那样：幸福和快乐是结局。

我们恐婚到底在恐惧些什么

1. 什么样的人最容易恐婚？

今天晚上，跟我的一个迷妹一块儿吃饭，她跟我抱怨说到了30岁，很多事都经过见过了，没什么能让她紧张害怕的。唯独家里人逼婚，一提到这个问题她就血压升高，眼冒金星。

这个女孩儿完全看不出30岁的痕迹，大大的眼睛清澈见底，还有一脸的胶原蛋白。有车有房有工作，朋友圈子一大把。自28岁分手以后，就一直单着了。

一开始也不习惯，特别是随着周围的朋友都渐渐组成家庭，会有一种很强烈的孤独感。

后来她发展了新的朋友圈子，试着把更多精力放在工作上也就渐渐习惯了单身的日子并且还挺享受这份自由，于是一转眼就到了30岁。

思想上，她非常清楚自己已经进入了"应该"结婚生子的倒数计时阶段，毕竟不是每个女人都是林心如，有资本40岁再结婚。但是行动上，对于一切的相亲安排她都非常排斥。

很明显，她对于婚姻的恐惧和厌恶已经大大超过了对于孤独终老的恐惧。

我问她，你有想过一辈子不结婚吗？

她说，有想过，但仔细想想其实也并没有那么可怕。我有基本的物质保障，有养活自己的能力，我不知道自己为什么非得找个人结婚，或者说我不认为婚姻带给我的幸福会超过它带给我的麻烦。

我身边恐婚的朋友不占少数，35岁了还单身的男女也比比皆是。通过我的观察，这类人都有几个共同特点：事业有成，爱好广泛，朋友大把。例如Y先生，今年刚满35岁，在他30岁的时候结束了一段婚姻，然后一直单身到现在。

当然霸道总裁是缺女朋友的，但是他跟任何人在一起都勾不起结婚的念头。用他自己的话说就是："有些错误，一生只犯一次就够了。"

不过他的单身生活可一点都不苦，嫌北京空气太差，他会每个周末飞去不同的城市玩两天，然后周末晚上坐最晚的航班回北京，第二天照常上班。

每隔两三个月就出国旅行一次，不是去冲浪就是去滑雪，好像没有什么玩不转的运动项目。如此看来，好像真的没有时间去发展一段稳定的感情。归根结底，大概还是没有想要定下来的冲动。

所以到底是因为单身所以才一心奔事业，发展兴趣爱好，扩大朋友圈呢？还是正因如此，才妥妥地单身呢？我不知道，或许这就是一个死循环。就像很多生活在二次元中的男女一样，越宅越单，越单越宅。

但是不可否认的是，经济和精神越独立的人，对于婚姻的依赖程度就越低。

他们不需要通过婚姻来获得什么，不愿意通过割让自由来兑换一份保障，他们住在自己的房子里，开着全款付清的中高档车，各种险种早已购买齐全，定期储蓄从10年前就开始做了。

那份保障和所谓的安全感，实在无须通过婚姻来获得。

我有个读者，是个1995年生的小富二代，一天到晚就跟我说："姐姐，我好想跟我女朋友结婚啊！"我说："你们这个年纪的小朋友不都才开始玩儿吗，你结那么早干吗？"他坚定地说："结婚了，我家里就会给我一笔钱，我想干吗就干吗啊！结婚多好呀。"

2. 一个人的寂寞不可怕，可怕的是两个人的孤单

前两天，我在文章里吐槽说别人都在计划七夕怎么过，只有我在策划七夕的专题和店里的活动，感觉受到了一万点的伤害。

一位已婚的女性朋友留言说："你们单身人士一年里只有情人节和圣诞节觉得孤独，我们结了婚的恰好相反，除了这几天，

天天都孤独！"

虽然是句玩笑话，但是从她的朋友圈中也能窥见一斑。她是个自由职业者，每天大部分的精力用来照顾孩子。孩子正值会跑会爬的年纪，独自带孩子的她几乎一刻也不能放松。

丈夫下班回家已是7点多，吃饭洗澡逗逗孩子就累得睁不开眼睛上床睡觉了。次日清晨，她和孩子还在梦里的时候，他已经出门上班了。有时候半夜睡不着想跟他聊聊，看着丈夫熟睡的背影，感念到他赚钱养家的辛苦便收回了摇醒他的那只手。

久而久之，天大的事也已经烂到了肚子里，便放弃了沟通这回事。男人都喜欢安静的妻子，殊不知她越是安静离你越是遥远。她非常喜欢旗袍，量身定做了好几身，生孩子后却再也没有穿着她最爱的旗袍跟丈夫单独约会的机会。只好在哄儿子睡着以后，悄悄地穿上它们，站到镜子面前兀自欣赏一会儿。儿子醒来后又立刻换上居家服，带他去楼下散步。

张爱玲说："服装就是一个女人随身携带的袖珍戏剧。"如果一个女人的浪漫与风情都变成了一件件被束之高阁的旗袍，生活这出戏还有看头吗？

10分钟前，我收到一位读者的私信。她说今天晚上已和丈夫谈妥离婚事宜，没有难过和不舍，只是心疼自己两岁半的儿子。她说这3年的婚姻生活漫长得仿佛过了一辈子。

没有出轨，没有撕扯，没有暴力。走到离婚这一步并不是因为什么无法原谅的错误和不可调和的矛盾，仅仅是因为这场婚姻让她感到窒息。

就像我们父母那一代，很多人在婚姻中同样缺乏沟通甚至拒绝沟通。他们也很孤独，只是很少因为这份孤独而执意离婚。

有的人觉得离婚是人生污点，有的人离开了婚姻的保护无法独自生活，更多人是看在孩子的分上凑合着过。我有两个读者都是把儿子送出国读大学后的第二天，就跟丈夫离了婚。

也许我们这代人更加自我，更加不在意别人的眼光。所以他们可以忍受一个人的寂寞，却无法忍受两个人的孤单。如果说一场死气沉沉的婚姻就像是漫长的凌迟，那么离婚就是一刀给我个痛快。

痊愈之后，又是一条好汉。

经济独立，单身一样潇洒。

3. 我恐婚到底在恐惧什么？

在我还是个小女孩的时候，我为自己设计的人生是 25 岁之前当妈妈。转眼我已经 26 岁了，说实话我还不知道自己未来老公在哪儿，抑或是我到底会不会结婚。这些年，每当我需要在爱情和事业中做出选择的时候，我都毫无悬念地选择了事业。

或许是天生事业心重，或许是我没有遇到过让我觉得现世安稳、岁月静好的男人，所以丝毫不敢放松对于事业的追求。我从未觉得一个爱我的男人可以保障我的人生，或者说婚姻是可以保护我的坚固堡垒。

我认为人人生而孤独，无论同行多久，你我终有一别。即使一部分足够幸运的人或者是愿意降低要求的人可以找到那个相伴终生的伴侣，你人生里的许多疑惑和问题也不是一个伴侣可以解决的，更不是一段婚姻可以规避的。

企图通过婚姻来获得什么或许奏效，可企图通过它来逃避什么只会把自己推入万劫不复的深渊。你以为婚礼的钟声敲响了，浪漫的爱情故事就结束了吗？错！麻烦而又琐碎的生活才刚刚开始！

奉劝各位在婚礼上不要流太多眼泪，婚后让你哭泣的事还有很多。一个7年的闺密对我说，婚姻最让她愤恨的地方在于：谈恋爱的时候吵架了还可以冷战，气急败坏的时候就把他电话、微信都拉进黑名单，冷静几天再说。

可是现在，白天吵到天翻地覆晚上还是要同床共枕。微信、电话都拉黑了，晚上还是要回到同一个家。一点距离都没有！一点空间都没有！一点缓和的机会都没有！

所有负面情绪都要压缩再压缩，以最快的速度消化掉。特别是孩子懂事以后，由于不能在孩子面前吵架，他们已经很久很久没有发生过争执了。可不争吵并不代表没有矛盾和间隙，只是还没开口就被强行压制到心底了。

每个结了婚的人，心底都有一个小小的角落，装着从未说出口的抱怨和指责，还有那句话到嘴边千百次却又生生咽下去的"离婚"。

你们常常问我，为何从未经历过婚姻却能够把它描绘得入木三分。你们错了，其实我们每个人都经历过婚姻。你爸爸妈妈的、爷爷奶奶的婚姻，你都有近距离地观察过。

他们的婚姻生活，也不可避免地对你造成一些影响。然而我家人的婚姻都还算是幸福美满的，我并未目睹过它的残酷和痛苦，为什么我会如何恐惧呢？

这个问题我思考了很久，大概是因为我正在一步步地过上自己想要的生活。对于未来的走向和发展，我有一个清晰的规划和把控。

我知道自己要做什么工作，我知道哪些是赚钱的，哪些是造梦的。我计划好了眼前的所有事情，例如明天有什么约会，月底我要去西藏，下个月店里要上什么新品。

我也同样计划好了未来的事情，例如今年去哪里跨年，明年上半年要出版第二本书。27 岁之前我要实现一个梦想，也许整个下半年都要为它奔波。

我计划了很多事，唯独没有计划过一段感情。

说到底，感情也是不能被计划的。

我恐婚吗？多多少少有一些。

究其原因，大概是因为对于目前的生活我有足够的把握。然而两个人的日子，却充满了太多的迁就和变数，它就像一大团问号。

单身需要解决的问题是已知的，然而婚姻需要面对的问题却是未知的。

人们天生对未知事物感到恐惧，与其说我恐婚，不如说我恐惧的是未知的生活以及强行捆绑在一起的人物关系。

今天用了这么多篇幅跟大家讨论恐婚这个话题，其实对于"你为什么单身"这个问题，我听到过的最有格调的回答是《生活大爆炸》里谢耳朵所说的。被问到这个问题的时候，大家不妨借鉴一下。

"人穷尽一生追寻另一个人类共度一生的事，我一直无法理解，或许是因为我自己太有意思，无须他人陪伴，所以，我祝你们在对方身上得到的快乐，与我给自己的一样多。"

最后，祝大家七夕快乐！

无论是单身还是已婚，每个人都能够拥有快乐且自足的人生。

女人渴望婚礼，到底在渴望些什么

昨天我刷微博，刷到了黄执中回答网友关于如何让老公重视办婚礼这件事的问题。他回答说："男生不重视婚礼，不代表他不重视你。"我认为这个答案没有任何问题，但是仍然遭到了许多不理智网友们的集体炮轰。

于是，马薇薇同学发了一条微博帮他解围。内容如下：

少女，我跟你们说："老娘办过一个很愉快的婚礼，婚纱买了三套，钻戒闪闪发光，很多朋友打着飞机来送钱，亲戚们的金镯子老娘放了半箱保险柜，婚礼上我穿的鞋现在还有人打听是什么牌子啊喂！"——但是完全不影响我离婚的时候，天空一声巨雷，前夫咔嚓出轨，我屁滚尿流就来了北京。

所以你要知道："一个男人爱不爱你跟他是不是给了你一个盛大的婚礼以及婚礼之后他是不是生生世世都那么爱你"——完全没关系。

所以我要说："你们对资深单身主义者黄执中的反驳完全不在点上！"

放开那个执中——让我来！

执中，我跟你说："女生之所以特别在意婚纱、婚戒和婚礼，那是因为——我们也知道爱情不能天长地久。所以，婚礼，根本就是少女们对自己的一次致敬和告别啊！"——鬼才在意你爱不爱我，鬼才在意你在不在意我，鬼才在意一生一世。我要，现在，当下，马上，最漂亮的婚纱，最炫目的钻戒，亲戚朋友和新郎全是我登台的观众，旋转跳跃我闭上眼，婚姻的火坑我跳下去。

从此日日年年，从此柴米油盐，有幸到白头，能翻出婚纱看看，长霉发灰都不要紧，所谓平淡就是无趣，但好歹这无趣的人生我有趣过。不幸未到白头就分手，那也好——所有首饰金器统统卷走，杜十娘怒沉百宝箱也是想不开——换钱包小白脸啊！啊，不对，捐给慈善机构也是极好的。

总之，婚礼照片谁都不会再看，婚纱一般只穿一次，回首结婚这件小事，一句话：作过。

作为一名未婚人士，看到那句"旋转跳跃我闭上眼，婚姻的火坑我跳下去！"我真的是发自内心地深表赞同！为什么我至今未婚？不是没人跟我求过婚，只是面对婚姻的火坑，我压根没法闭上眼往下跳！钻戒再大，婚礼计划得再奢华，臣妾也真心办不到啊！

哪怕是我这种放纵不羁爱自由，天生有一颗恐婚的心的风一样的女子，也有放下抵触情绪，去专柜试婚戒的时候，虽然第二天我就后悔了。但如果没有这样一个"逼着我结婚"的男人，我甚至连结婚的念头都不曾有过。

所以说，婚纱钻戒手捧花，限量版的婚鞋，亲手为闺密设计的伴娘裙，这些对一个女人有多重要？你们知道吗？哪怕是我这种完全没有结婚憧憬的女人，都会为了这些而努力地幻想过我的婚礼，努力地尝试过进入婚姻。

更何况是从小就有结婚梦，常常会幻想自己当新娘的女孩们。

我们当然知道婚礼举办得隆重而又奢华并不能代表你婚后生活也幸福美满，但是对于一个女人而言，这就好比一粒兴奋剂加上一颗止痛药，让你产生大剂量的愉悦感和幸福感以面对接下来琐碎冗长的婚姻生活。

终于有一天，你已经无法忍受那个与你冷战的老公以及他随处乱丢的臭袜子，突然抬头看见了你们当年拍摄的结婚照，回忆一下那天的甜蜜与幸福。仿佛有一个声音在催眠你，在对你说："你们当初多么好，只要再努力那么一下下，忍一下下，我们还是可以美好如初。"

于是，你就像吃过了特效止痛药一般，暂时忘却了所有的委屈、劳累和心痛。再一次尝试着心平气和地与他沟通，耐心地收拾一地残局。

无论婚姻生活是如何平淡抑或复杂，一场完美的婚礼总归是一个美好的开端。就像是度过了一个浪漫的假期，接下来你才会带着满足和感恩的心继续投入到琐碎的工作中。

从这个角度而言，男人为老婆举办一场称心如意的婚礼实在是一个性价比极高的英明的决定。你只是花掉了一些钱，抽出一天时间给她一手策划的盛大 party 当个配角，换来的却是一份使得你一劳永逸的"意外保险"。

是的，婚礼举办得再好，以后该吵架仍然会吵架。可是你别忘了，婚礼办得不好或者压根没办，你老婆会为这件事跟你吵一辈子！所以，如果我是男人，或者我将来遇到一个对婚礼这件事有着狂热执着的另一半，我一定会好好配合他。

是的，我并没有那么在意婚礼。我只是在意，我爱的人在意的事。

所以女人在筹办婚礼上对男人的要求和期待也是一样，那就是：无论如何，你要表现得很配合。这样我才能感受到你对我的爱和在乎，我才会有勇气面带微笑地跳火坑！

我曾做过一个梦，梦到了自己的婚礼。那是类似于这样的草坪婚礼，背景是大海。我穿着一件非常简洁的婚纱朝着他走去，他一直背对着我，正要转身的时候，梦醒了。

第二天我睡得特别早，还吃了褪黑素，想要睡得深沉一些继续昨天的梦，可是我再也没有梦到过。所以，我始终没有看到我未来老公的脸。他到底是谁，成了悬案。

我参加过许多不响应党的号召，不贯彻"八荣八耻"精神的奢华婚礼，反倒对这种简单的小众的婚礼情有独钟。比方说像纽约名媛 Olivia 这样，随便捣饬一下就结婚，我觉得特别有爱特别酷。

不是办不起奢华婚礼，也不是没有身材 hold 住复杂浮夸的婚纱。只是我们每一天都很相爱，婚礼只是一场仪式而不是炫耀的形式。我们把最亲密的朋友和家人聚在一起分享感动和喜悦，仅此而已。

要知道他俩的日常是这种画风，所以婚礼 look 真的是潦草得不能再潦草了。反倒是这种不刻意虚张声势、不追求隆重奢华的婚礼更让我倍感温馨。因为这种婚礼纯粹是为了自己而举办，为了女主角的喜好而举办；而不是为了面子而举办，为了礼金而举办，为了举办而举办。

据我所知，不追求奢华婚礼的女人是越来越多了，这对男人们而言应该是个利好消息。你们不必那么累，也不必花那么多冤枉钱。

我只提醒你们一件事：婚礼就是实现你老婆多年以来的一场意淫，你不需要提任何反对意见，更不能否定她的设计风格。

你只用表现出"凡事你做主，我只负责买单"的态度你就赢了。如果在这个过程中让她感受到你也很上心，你在尽量配合她，那么"新郎"这个角色你就做到满分了。

我相信没有一个女人，在面对婚姻的时候心里没有一丝的犹豫和犯怵。

即使你再爱他，再信任他，对你们的爱情再有信心，婚期逼近的时候，夜深人静的时候心底总免不了腾起一股不可名状的担忧。或许那只是对未知生活的恐惧，又或许只是对自己无法适应这种转变的紧张和怀疑。

这个时候，一场浪漫温馨的婚礼，可以给这个不安的女人一点信心。让她相信婚后的生活会像这场有条不紊的婚礼一样，everything is gonna be OK。

与其说女人在意婚礼，不如说我们在意的是一场关于婚姻的仪式感。

你要爱我一生一世的誓言，就算不能实现，至少此时此刻你是坚定的，我是相信的，我们是幸福的。

钻戒再闪耀再抢眼，也不代表我们今后不会为了生活琐事和经济问题吵架撕扯，但至少在这一刻，你在能力范围内为我挑选了最完美的戒指，我相信你是真心爱我，愿意为我付出、包容我的。

婚礼再盛大，也不能保证我们将来不离婚。只是回忆起来，我们都认真对待过，勇敢付出过，也尽力挽回过。我们一开始是认真的，也是深爱着对方的，至于如今种种，皆非我所愿，也只能道一声遗憾，说一声珍重。

所以说女人渴望婚礼，到底在渴望什么？

她不过是渴望用一场盛大的 party 与自己的少女时代告别。

她不过是渴望用一场特殊的仪式，为你们的爱情授勋。

她如此挑剔婚纱和钻戒，因为她这辈子只想结一次婚。

与其说她渴望婚礼，不如说她渴望的是你的重视，你的舍得，你的疼爱。

然而愚蠢的男人总是在婚礼的细枝末节上跟老婆纠结，聪明的男人会在日常生活中让她感受到足够多的疼爱与重视。那么女人自然不用依靠一场声势浩大的"世纪婚礼"来考验你们的爱情了！

致小三：让姐真心实意地感谢你

我最近沉迷于一部美剧，叫作 *Don't trust the bitch in APT 23*，翻译过来比较文明的名字就是《23号公寓的坏女孩》，女主角 Chloe 是一个言行举止怪诞、有点贱又有点可爱的，混迹于纽约，以坑蒙拐骗为生的小太妹。

女二号 June 是一个标准的好学生＋乖乖女，从乡下来到纽约准备成就一番事业。没想到第一天公司就倒闭了，紧接着还被坏房东女一号 Chloe（她就是住在23号公寓的那个贱女孩）骗了个精光。

最可气的是，Chloe 还跟她炫耀："你看，我新买的 Alexander Wang 包包好看吗？这可是用我们这个月的房租买的哦！"

你们说是不是贱到没脾气……所以说女主角找了这么个神似赫本的尤物来演啊！她耍起贱来才不会那么遭人恨啊！颜即是正

义，国内国外无不如此。

心疼女二号5秒钟……

这还不算完，Chloe还在她的生日蛋糕上睡了她的未婚夫……

于是，小白兔June终于忍无可忍，决定报复Chloe。

这个时候，全纽约最贱且没有任何女性朋友的Chloe竟然决定真心地跟June做朋友，也没有再坑她了。不过这种状态大概只保持了半集，后面坑得更惨！继续心疼女二……

当两个性格、三观截然不同的女孩成为闺密时，一直顶着一张bitch face的Chloe才坦诚地说："我见他第一面就知道他不是个省油的灯，一直在跟不同的人出轨，跟你说你又不信，我只有用这种方式来警告你。没错，我就是故意让你看到这一幕的。"

虽说这个神逻辑很让人无语，但是June还是在怒甩渣男后原谅了她。最后还跟Chole说："虽然我很愤怒，但是我仍然要谢谢你。我们在一起4年多我都从未发现他出轨，如果不是你撕掉了他的虚伪面具，我已经嫁给这种渣男了。"

看到这里，我想起了我的朋友Candy小姐。她也是在筹备婚礼的时候，发现她的准老公跟同事有一腿。痛定思痛，她最终还是跟他分手了。这都是两年前的事了，可她如今还活在对"那对狗男女"的憎恨中。

我不知该如何劝慰她，直到我看到这部"三观极其不正却依然很好看"的美剧，我就告诉她，你应该谢谢那个"婚礼前一个月还挽着你老公逛商场的妖艳贱货"，要不是她，你现在就是个老公出轨尽人皆知，为了孩子拒绝离婚的绿帽人妻了。

每个女人都痛恨第三者，认为她毁掉了自己的幸福生活。

其实，冷静想想，毁掉你幸福的其实是你深爱的这个男人，他才是内因，才是元凶，才是关键。如果他对你坚定，富有责任心，任外面的妖艳贱货多么具有诱惑力，仍然可以坐怀不乱。

小三固然可恨，但是她并没有毁掉你的幸福生活，而是，让你的生活拥有了更多的可能性。她让你清醒地意识到：原来这个男人并非你认为的那样值得托付。她撕下了他的伪装和假面，你不得不从甜蜜但不真实的梦境里醒过来，重新考虑你们的关系，重新建立自信，重新做出选择。

这才是"人生的进阶"，从这个角度考虑，真的应该"感谢"小三。

姐的绝望拜你所赐，姐的重生也托你的福。姐会找到更好的男人，你就跟这个贱男双宿双飞吧。反正苍蝇永远也飞不到老鹰的高度，我向上的人生你们只有仰望的份。

小三给了你伤害和打击，但是还了你自由和选择。而你呢，把自己不要的渣男留给了她，同时也把小三的污名也留给了她。这笔账怎么算都是你划算，而她就像个垃圾回收站，"赢了"也是输了。

所以说，很多事只要你转个念，换种思维方式，就能豁然开朗。有时候并不是生活亏待了我们，而是我们的智慧和悟性不够。菩萨给你的都是礼物，有些是金光闪闪一目了然的，有些则是包裹着泥团的钻石。

就像我今年年初跑到零下 10 摄氏度的北京，去考了个葡萄酒的相关证书（wset2）。武汉也可以考，我只是觉得北京的老师更专业，就去北京学了。

结果好不容易考过了，等到英国那边把认证书寄过来了，由于我习惯性暴力拆件，把我辛辛苦苦在冰天雪地里考的证书直接撕破了……

我的第一反应不是怨天尤人，也不是把它粘好，而是松了一口气。因为我之前一直在纠结要不要去考个三级证书，这下好了，不用纠结了，还是抽空去考一个吧！

做销售是不需要这种证书的，只有培训师和侍酒师才需要。国内很多大型葡萄酒公司的培训师也就是二级水平，所以我考这个纯粹是处于个人兴趣爱好，跟职业发展关系不大。

如果说二级是优秀，那么三级就是卓越。我愚蠢的错误，把懒得向卓越进发的我逼得不得不去把它拿下。这又何尝不是一件好事呢？当然我之后拆快递都很小心了，也没有再撕烂过合同之类的。

所以说吃一堑你只要长了一智那就不算亏，在修补一个错误的过程中还能提升自我，那真是赚到了呢！所以说，思维方式才是最重要的。每一个错误和失败里都藏匿着转机和自我提升的力量。

要学会在 bad side 里找到 good side。

当你把所有的好与不好都视作好，总有一天可以把灾难变成狂欢。

婚姻：一对男女在漫长岁月里的相爱相杀

题记：最高等级的晒恩爱，不是那些精致的合照以及昂贵的礼物，而是你沐浴在爱中甜蜜而又娇嗔的状态，是洋溢于面庞明艳爽朗的笑容，是你眼角眉梢藏不住的幸福。

晚饭点刷朋友圈，看到一个男性朋友发了一张照片，上面是一桌子秀色可餐的菜。配文："老婆辛苦了，味道太棒了！能娶到你这种上得厅堂、下得厨房的老婆是我一辈子的幸福！"

我回复："你小子真是命好！"他回复："好什么好啊？结婚两年了她这是第一次下厨房，除了汤和青椒土豆丝是她做的，其他菜都是餐馆打包的。这条朋友圈是她逼我发的，文字也是她编辑好的。我拗不过她，就发了。"

这让我想起来，我有个"丧心病狂"的女性朋友，因为逼自己老公在朋友圈发合照未果，半夜3点钟拿起熟睡的老公的手指，指纹解锁他的手机，然后发了9张合照，写了一大段感人肺腑的文字。第二天，她老公跟她大吵一架，说微信里全是领导和客户，她这么做太不合适。她委屈地说道："人家还不是怕你被公司新来的那些 1994 年的小妹妹勾搭走了，我容易吗我！"

这不禁让我想到，朋友圈里晒出的恩爱，到底有多少是心甘情愿的？情人节那天满屏幕的虐狗照，到底有多少是"发"自内心的？

首先我一直没有在朋友圈晒恩爱秀幸福的习惯，我觉得谈恋爱是一件非常私人的事。恋爱了公开，分手了发声明，结婚了 po 结婚证，离婚了 po 离婚声明那是明星做的事，我们普通人说实在的，一是没这个必要，二是真的没有那么多人关心你的感情生活。

朋友圈里大概有 10% 的人是关心你，希望你好。还有 10% 的人是关注你，但不见得希望你好。剩下那 80%，是既不关注你也不关心你，无所谓你好不好的。所以你跟伴侣今天秀恩爱、明天晒撕扯的结果就是：让真正关心你的小部分朋友担心，让关注你却不见得为你好的人看笑话，请无所谓的不明真相的吃瓜群众看了一场不要门票的狗血剧，仅此而已。所以我为什么要让自己的隐私沦为别人茶余饭后的谈资呢？

我确实不喜欢晒合照跟礼物，但是我现实生活中的所有圈子都是对另一半公开的，有结婚打算也会带回家吃饭，跟我父母引见一下。我不晒合照，并不代表我避讳你，我不承认你。我不秀礼物，也不代表我不开心、不感激你。相反那些一三五秀甜蜜、二四六晒礼物、星期天晒微信聊天截图的姑娘，我们都知道这并不是恋爱的常态，这并不正常，总有些说不清道不明的欲盖弥彰。

另外我注册微信 5 年了，只有 700 多个好友，可以说我通过验证和添加好友都是非常严谨的。并且我只注册了微信、微博这两个社交软件。但是依然会有朋友在陌陌、探探、世纪佳缘、百合网上看到有人冒充我，且不是同一个人。所以说社交网络是真的没有任何隐私可言，我不愿意被任何人冒充，我也不愿意任何人拿着我未来老公和孩子的照片评头论足，妄加揣测一番。

在这里我要跟我未来老公说一声：虽然我还不知道你这会儿在跟哪个姑娘寻欢作乐，虽然我可能还不认识你，但是我要告诉你：我不是那种会把结婚照当朋友圈封面的老婆，也不是把孩子艺术照当手机屏保的妈妈，但这并不影响我爱你们。同时，我一辈子都没要求过男朋友晒恩爱或者发合照，所以你晒我们的照片是你的自由，我不会鼓励或感激你这么做；你不晒，我反而感激我们是同道中人，正好不必多费唇舌再做解释。

说到这里肯定有朋友问我担不担心将来老公跟我玩"隐婚"，说实在的，我一点也不担心这个问题。朋友圈只是社交网络中的一个小窗口，你老公每天在上面秀恩爱就代表他没隐婚不出轨吗？Too young too naive！沉迷于网络世界的少女少妇们你们醒醒吧！狠狠地抓住现实生活才是王道啊！从谈恋爱就能看出这个男人是不是在跟你发展一段严肃认真的感情，例如：他周围最好的朋友是否都知道你的存在？你们是否有交集？像公司年会、同事聚会或者朋友结婚这种场合，他是大大方方带你去，还是左右闪躲生怕你主动出席？

说实在的，比起一个人不在朋友圈里秀恩爱，他在现实生活中不承认你才是真正的悲哀和心塞好吗？这种行为无非是 4 个原因造成的：1. 他有一个人尽皆知的正牌女友；2. 他有不止你一个女朋友，怕被揭穿，所以哪个他都不承认；3. 他确实单身，但你只是众多备胎之一；4. 你形象太砢碜，实在是带不出去。无论是以上哪个原因，你都应该主动跟他分手，好好一个姑娘，为什么非要跟个不承认自己的男人浪费青春呢？

如果他在任何场合都不避讳你，大大方方地把你介绍给他的朋友、同学、同事、客户认识，你为什么非得逼他发条朋友圈呢？如果你一心想跟他结婚，这个时候你要做的，是继续对他好，少犯作。让他心甘情愿地带你回家吃年饭。当你作为他官方唯一指定未婚妻上门吃年饭的时候，你还会在乎他朋友圈晒不晒恩爱吗？如果你们一直为朋友圈晒恩爱这种小事纠结争吵撕扯，恐怕是走不到婚姻这一步的。

作为一个不爱晒合照和礼物的人，我当然也被男朋友逼迫过。当然我这么有个性的一个女人是不会被逼就范的，准确说是：你不强迫我，心情好的时候我还晒晒，你若强迫我，你的照片永远都不会出现在我的朋友圈里。在我看来，恩爱是轻言细语好好说话，恩爱是深深的理解和接纳，恩爱是可以拥抱的时候不要只是牵手，恩爱是争吵到最高点，那句最伤人的话就在嘴边却从未说出口。恩爱不是一张照片可以悉数诠释，更不是被迫"晒"出来的幸福。恩爱本来就是自然而然流露出的幸福感，如果要靠"晒"来体现，那还叫恩爱吗？

还有逼女朋友晒礼物的我也不能理解，我自己是不爱晒任何礼物的，除了一些很有趣的礼物，例如我昨天过生日收到了一幅长170厘米的"佛"字，正好我姥姥最近老怀疑我会出家，所以我发个朋友圈"吓吓"她老人家。曾经也有男朋友问我为什么我送你的包包跟首饰你从来不晒，别的女生都晒啊。我说："我自己买了那么多包包跟首饰我也不晒啊，我就是不喜欢晒礼物啊，你送我辆玛莎拉蒂我也不会晒的。你送我礼物，我很开心也很感激。但是如果你送礼物的目的是让我发个朋友圈晒礼物，那你还是别送好了。不送礼物我倒没太多意见，但是逼我做我不愿意的事，no way。"

他再也没提过晒礼物这件事，但是礼物照送。所以我觉得情侣之间很多事大家沟通透彻，比每次遇到分歧就大吵一架或者敷衍过去要好得多。两个人把原则和底线沟通清楚，彼此能接受我们就好好过，不能接受我们就一别两宽各生欢喜呗。情人做不成总不至于成仇人，反而那些有矛盾不是撕扯就是敷衍的，反而很容易因爱生恨，老死不相往来。

写这篇文章之前我就在朋友圈发了个调查问卷，问问我的朋友们有多少恩爱是自己心肝情愿晒出来的。结果，80%的男性和20%的女性表示，发合照是另一半逼的。可见，在爱情和婚姻里，缺乏安全感的女性远远多于男性，才会有这么多"宣示领土"的朋友圈"圈地运动"。主任想说的是，安全感从来都是自己给的，不是逼男人发条朋友圈你们的感情就会安全的。再说了，朋友圈可以分组可以屏蔽，他甚至可以申请两个号搞"定向投放"。上有政策，下有对策，用逼别人发朋友圈的方法找安全感，永远都不会真正感到安全。

只有提升自己的价值，在两性关系中彰显自己的稀缺性才会拥有安全感，甚至让男人缺乏安全感，拼命对你好。至于如何提升价值，请订阅"柳主任"微信号，点击我的头像查看历史消息，找到我在情人节推送的那篇文章，里面有可操作的具体办法。

最后跟大家分享来自我朋友圈反馈的两个经典案例：

1. 闺密R小姐跟我说她知道一个男人，结婚多年一直有两个微信号。这两个微信号是一模一样的头像和非常相似的账号，不认真看根本分辨不出来。结果，他一个号加亲朋好友，全部发的老婆、孩子等花样秀恩爱的内容。另一个号加各种妹子，只发吃喝玩乐、泡吧、旅行自拍。他老婆每天沉浸在虚幻的幸福里，觉得自己嫁了一个死心塌地的"秀妻狂魔"，我真的不敢想象有朝一日她若是知道真相，会做出如何反应。

2. 一个年长我几岁的姐姐说，她从不让老公在朋友圈晒恩爱，她自己也不秀礼物，只是一年会发一两次小孩的照片。我问她为什么，她说："我自己知道我老公对我好就够了，干吗让别人都知道他经济实力雄厚又疼老婆？现在有些小姑娘道德标准真心不高，看到好男人就像苍蝇看到了肉，根本不在乎他结没结婚，也不在乎自己是小三、小四、还是小五。"

个中奥妙，大家自己体会，相信我的读者都是冰雪聪明的姑娘，主任就不再深入分析了。后台数据告诉我，我的女性读者占到87%的比重。眼前的成功案例告诉我，如果我跟陆琪一样每天帮你们骂男人，骂到你们心花怒放，这个公众号很快就能粉丝百万，我很快就能名利双收。但是我的良心要求我，只写给读者提供价值的文字，只提供确实可行的解决办法，只树立正确且对女性有益的三观。

鸡汤到哪儿都能喝，让我给姑娘们打一剂鸡血再请你们吃个鸡腿儿。一味地骂男人是没有任何作用的，让你们看清这个男权社会的运行规则，接受两性关系里的种种不平等，然后吃饱喝足，铆足了劲投入到轰轰烈烈的不平等竞争中，漂漂亮亮地做人生最后的赢家！

婚姻的本质，是一场漫长的妥协

1. 你是好伴侣还是杀人犯？

温格·朱利的《幸福婚姻法则》里有一句流传很久的话："即使最美好的婚姻，一生中也会有 200 次离婚的念头和 50 次掐死对方的冲动。"

我认为，绝世好老公（老婆）和杀人犯只有一线之隔，当你这一生无数次想要掐死对方的时候克制住了，你就是好伴侣；没克制住，你就是杀人犯。

然而，社会新闻告诉我，或许这两类极端小众人群一样多。然而芸芸众生中的你我他，既无法成为完美伴侣的标准模板，又做不出杀人的极端行为。

于是我们就变成了那些逐渐被漫长又琐碎的婚姻，磨损得失去光华的大多数人。

正是因为大多数人都是这样在过日子，所以即使有着温水煮青蛙般的绝望，我们也会克制住随时会喷薄而出的那声尖叫与呐喊，保持缄默把这了无生趣的婚姻生活日复一日地重复下去。

然而我今天想要讨论的，是两个用消失对婚姻发出呐喊的女人。

2. 踏入此门，妄念绝尘

2014年有这样一部电影，据说让全球百万家庭走向了离婚。

就是大卫·芬奇导演的电影 *Gone Girl*（中文译名《消失的爱人》），这部电影是一个结婚5年的朋友推荐给我的。看完后，我没有发表任何观后感，只是默默地把这部电影推荐给了那些对婚姻抱以盲目冲动和乐观的朋友。

男女主角曾经也是一对璧人。经过5年的婚姻，曾经的爱情一点点消失，由于没有孩子，亲情的纽带也没有建立完整，再加上男主角出轨及经济问题，女主角对这样的婚姻渐渐失去了信心，对丈夫腾起一种不可名状的恨意。

于是，高智商的女主角自导自演了一场绑架案。提前把一切证据都指向丈夫，最后决定用自杀来诬陷他，结束丈夫的一生。她提前很久策划好了这一切，就在他们结婚5周年的当天，她的黑暗计划正式拉开了帷幕。

为了更好地乔装自己，她增肥了20斤，剪掉了头发，染了颜色，甚至一边说着"成年人做事要有目的，成年人要学会付出"，一边敲掉了自己的牙齿。无法想象一个出身于中产阶级，受过高等教育,有着成功事业的女人会为了报复丈夫对自己下如此狠手。

随着作家妻子的消失,被警方怀疑的丈夫一时间被推到了风口浪尖。当他意识到这一切都是妻子布下的陷阱时,愤怒、恐惧、怨恨等一系列情绪也铺天盖地而来。

女主角伪造了被爱慕者监禁和强暴的故事,在众目睽睽之下满身是血地回到了丈夫身边。丈夫表面上深情拥抱妻子,嘴里却念叨着:你这个该死的贱货。

妻子毫不掩饰地向丈夫道出了实情,因为她"要让所有人都记住你带给我的痛苦",她知道真相的丈夫碍于巨大的舆论压力除了继续在家人、朋友和媒体面前扮演好好先生,别无他法。

"我的确爱过你,可后来咱们只剩互相怨恨,这就是婚姻。"

故事结局是妻子宣布怀孕了,拒她千里之外的丈夫不相信这是真的。妻子非常淡定地说:"在策划这一切之前,我早就留存了你用于体检的精子。所以我确实怀上了我们的宝宝,这个过程不需要你配合。"

这部电影看上去是女主角对男主角智商情商绝对的无情的碾轧,用各种极端的手段玩弄自己的丈夫,控制自己的婚姻。但是,在这场血腥暴力的游戏中,谁都不是赢家。男主角失去了自由,女主角失去了爱。

他们都被自己的欲和恶,困在了婚姻的牢笼中。所以一段失败的婚姻,无论表面看上去谁赢了,谁掌握了主动权,谁控制了经济，本质上，两个人都是彻头彻尾的输家。最关键的是，他们输掉了婚姻中最重要的两样东西：信任和快乐。

3. 请不要把我逼成你的危险妻子

最近有三个朋友疯狂向我推荐这部日剧。他们的理由分别是：你跟女主角长得好像！你跟女主角的智商有一拼！你跟女主角感觉好像！于是，我就怀着寻找"世界上另一个我"的心情，看了第一集。然后发现，它完全就是日本版的《消失的爱人》。

于是我又看了第二集，第二集是站在妻子的视角分析她为什么要策划这起绑架案，以及具体如何实施。坦白说，日版并不比美国版弱，甚至更强的地方在于，女主角作为一个较柔弱文静的家庭主妇全剧都是靠大脑，没有杀过人，也没有使用任何暴力手段，成功地避开了法律制裁。

女主角是一个父母双亡、继承了 4 亿日元遗产的白富美（折合人民币约为 2500 万元），男主角是跟女主角结婚 6 年的凤凰男。女主角用 4 亿中的 2 亿购买了婚房，帮男主角开了一家咖啡馆，自己则一直是照顾丈夫饮食起居的家庭主妇。丈夫咖啡馆经营不善，还在店里找了个情妇（该女还是在女主角的引荐下来到咖啡馆工作）。

在找女主角要钱无果的情况下，男主角跟情妇密谋毒杀女主角独吞遗产。这一切都被在家中装了窃听器的女主洞察在先，于是她自导自演了一部绑架案，把遗产以赎金的形式转移走了。

在这个过程中，女主角被"原本要谋财害命，最终愿意交出赎金"的丈夫所感动，准备原谅他所做的这一切，既往不咎好好生活。结果男主角发现了女主角的阴谋，和情妇联盟展开了一场遗产争夺战。

在这个过程中，男主角的姐夫以及相处多年的邻居都为了抢夺遗产露出了最丑恶的面目。不过结局当然是我们复仇女王——女主角大获全胜，还把2亿日元遗产变成了16亿日元。中间跌宕起伏的过程我就不剧透了，推荐大家去看看，非常精彩！

比方如何不费一兵一卒，让趾高气扬的嚣张小三在自己面前下跪认错。

比方如何让已经不信任自己的丈夫和自己联盟。

比方如何在命悬一线的情况下和视死如归的敌人谈条件扭转乾坤。

比方如何在不伤人分毫的情况下让5岁的侄女配合她"被绑架"，从姐夫那里夺回赎金（个人认为这一段的剧情设置，才是最能体现女主角高智商的地方）。

这部剧里不仅男女主角很出彩，每一个配角都很出彩。总之这部9集电视剧，真心推荐给大家。

看完这部剧我想说的是，我的智商完全不是女主角的对手。我唯一比她聪明的地方，就在于：我不会让自己卷入这样的剧情中。如果我得知老公和小三密谋对我谋财害命，我根本就不会搞出这么多事。我会直接拿着证据报警，然后尽可能地制造舆论攻势，请最好的律师争取把他们多关两年。

我曾经对男朋友说过这样一段话："如果婚后你出轨被小三勒索，你可以告诉我。我会先帮你解决这件事，然后我们再来算你的账。如果你敢跟外面的女人一起勒索我，你们就等着下地狱做一对鬼夫妻吧！"

出轨背叛纵然可恶，但是我从不认为这是婚姻中最大的毒瘤。出轨出得再离谱，这也属于家庭内部矛盾，我们都可以关起门来商量商量，找一个解决方案。但是我的老公一旦跟小三结盟想要转移财产逼我离婚，家庭内部矛盾瞬间就被激化成了不可化解的"民族矛盾"。

从此，我再也不会把他当成家人。我再也不会想着什么且行且珍惜或者好聚好散。我会像一个对抗外侮的民族英雄一样，用尽我所有的力量让他为自己愚蠢的行为付出代价。

因为我始终认为，婚姻应该坚守的那条底线在于：不要恶意伤害对方。如果出轨是你情非得己，那么谋财害命就是不可原谅。

那么聪明又冷静的女主角为什么会把自己逼到这步田地呢？看完你就会明白：她一直深爱着男主角，从头到尾都没有想过离开他，也不允许他离开自己。在许多个惊心动魄的交战中，她一直保持着令人不寒而栗的冷静，即使是身负重伤，四周还倒满了汽油。

从头到尾她只崩溃尖叫过两次：一次是丈夫提出要离婚，一次是丈夫被捅了一刀。所以这个可怜的女人无论是机关算尽，还是冷血无情抑或众叛亲离千金散尽，她想要的不过就是让这个男人回到她身边。

4. 原来婚姻会杀人

或许每一个未婚的男男女女都向往着幸福美满的婚姻，我也一样。但是不置可否：

如果你没有正视过那些平静之下隐藏着的暗流和冰山；你不曾设想过如何面对一个出轨的爱人；你没能练就十八般武艺去面对婚姻中潜藏的各种杀机，你的婚姻永远都不可能幸福美满。

每个人都可以像鸵鸟一样把头深埋在土里，但是我们要面对的问题一点都不会减少。我是婚姻中的悲观主义者，倾向于用悲观者的思维模式以及乐观的积极态度处理问题：兵来将挡，水来土掩。

然而婚姻会杀人吗？或许不会像这两部剧一样恐怖又血腥。然而，它更像现实版的《饥饿游戏》，只有少数充满信念的勇士可以笑到最后。

婚姻之所以会杀人，不仅仅在于：它会让一对男女在漫长的岁月里相爱相杀，更多是在于，它正在一步一步、一点一点地谋杀掉过去的自己。

婚姻的本质，是一场漫长的妥协。

是把两个有棱有角的个体，各削去一半，组建成一个家庭。然后在柴米油盐、鸡毛蒜皮里继续打磨，变成两个温润的半圆，我们才能达到所谓的圆满。在这个过程中，原本的自我必定或多或少地被岁月悄无声息的地谋杀。

婚姻很孤独，所以要找一个懂你的爱人，否则更孤独。

婚姻很漫长，所以要找一个有趣的爱人，否则像凌迟。

婚姻很刻薄，所以要找一个温柔的爱人，否则很难挨。

婚姻会杀人，如果意识不到这点就结婚，你会死得更惨。

情感不顺的女人为什么更易成为女强人

多年前，网络上流传着一句经典签名，大家一定看过，那就是："爱上一个人的感觉，就是突然有了软肋，也突然有了铠甲。"初次看到这句话的时候，我才 22 岁。当年的我，深以为然。

三年过去了，你再问我怎么看，我会说："爱情一定会是女人的软肋，但未必会使你多出一副铠甲。"很多时候，阻止女人奋勇前行的，不是竞争对手，不是残酷社会，不是芳华不再。仅仅是她爱着的这个男人，仅仅是她心心念念着的爱情。

这就是为什么，在几乎所有谍战片中。只要一个女杀手陷入爱情，间谍组织就会暗杀掉她的爱人。因为爱情令她分心，使她柔软，让她慈悲。爱情不是杀手应该碰的玩意儿，不仅会使得你开枪的时候变得迟疑，还会让你凭空多出一个可以被敌人威胁的肉票。

这就是为什么《Nikita》在第一集就要交代女主角的未婚夫

被杀手组织干掉了，于是她才走上了一段复仇之旅。

杀手集团很清楚，陷入爱情对于一个女杀手而言意味着什么。爱情不会令女人更勇敢坚强，只会使她们脆弱敏感，不堪一击。果不其然，未婚夫被暗杀后，尼基塔作为一个杀手开了挂的职业生涯才刚刚开始。

我常常推荐给大家的经典美剧《傲骨贤妻》，我们的女主角Alicia本来是个中产阶级家庭主妇，过着平凡又无趣的生活。政客丈夫性丑闻曝光入狱后，她才重操旧业做起了律师，从律所的最基层一路摸爬滚打做到合伙人的位置。

剧中饰演她丈夫的，就是《欲望都市》里的男一号Mr.Big，他真的是帅满荧幕20年！Alicia之所以能成为一个所向披靡的傲骨贤妻，她的老公真的是功不可没。让她享受了十几年富足安稳的生活，一夕之间荡然无存。

曾经的阔太太，如今却为了孩子的学费和下个月的房租发愁，残酷的现实逼得她不得不重返律所。巨大的经济压力以及不安全感，让这个脱离职场20年的女人爆发了一股前所未有的能量和魄力。

所以说安稳富足的生活和令人沉醉的爱情根本不会让一个女人迸发出超强的能量和事业心，只有失去了这一切，她们才会专注于事业和自我成就。Alicia遭遇家庭的变故，使得她重回职场，一路扶摇直上。但是真正的脱胎换骨，抛弃所有的依赖和顾虑却是在失去了灵魂伴侣 will 之后。

在第五季的第15集，她生命中最信赖的男人Will死在了法庭上。我知道Will全球的迷妹都大骂编剧脑残，弄死了她们最爱的角色。我却认为，Will之死是情理之中的事。他对于Alicia而言实在是太重要了，他是她的导师、灵魂伴侣、精神支柱，同样是她的爱侣、她的港湾、她的归宿。

这个男人不死，Alicia"傲骨"的形象就永远立不起来。他的离开代表着她生命里一个阶段的结束，紧接着她迎来了更重要的一个阶段：真正独立勇敢，去开拓新生活的阶段。她离开了律所，去轰轰烈烈地搞竞选，后来又重组律所，跟小鲜肉谈恋爱，到最终季独挑大梁为丈夫打官司。

这才是我们想看到的Alicia，不是永远躲在Will怀抱里和光环下的Alicia。失去了丈夫的庇护和情人的引导，她独立自信，开了挂的人生才刚刚开始。

这毕竟是一部剧，戏剧冲突才是最重要的。我们为什么喜欢看美剧？不就是因为情节写实励志，剧情发展又足够快吗？千万不要过度喜爱哪个角色，因为他随时都会挂掉。正因如此，才能推动剧情发展，丰满人物形象。

编剧不可能花整整一季的时间铺陈男女主角如何渐行渐远，分手离婚，所以把他写死真的是最好的选择。

再比如，我前段时间看的一部电影，凯特·温斯莱特演的《裁缝》，讲的是被童年遭到冤枉和驱逐的女主角，长大后回到家乡小镇复仇的精彩故事。

凯特·温斯莱特在里面饰演一个才华横溢的服装设计师，通过帮助小镇上的八婆们做衣服一步步获取大家信任，从而展开复仇的故事。

这部戏里出现的每一件衣服都美爆了！都可以直接搬到巴黎时装周去走秀！！配乐和灯光也非常不错，不是国内偶像剧那种美图秀秀效果。我们可以明显看到凯特脸上的岁月痕迹，那些细纹和毛孔都一览无余，可她脸上依然覆盖着一层温柔的光芒，特别是在夕阳下缝纫的那一幕。

随着她复仇计划的顺利进行，她和青梅竹马男主角之间的爱情故事也渐渐发酵升温。凯特沉浸在爱情里，渐渐放弃了复仇的想法，准备和男主角一起离开小镇，结婚生子。

这个时候，我就有种不祥的预感：我们的帅男主要下线！果不其然，在女主角放弃复仇以后，男主角立刻死于一场荒谬的事故。于是，我们心灰意冷的女主角痛定思痛，决心将复仇大计进行到底。然而，这部剧最精彩的部分才刚刚开始。

纵观电影电视剧，哪一个女主角不是在失去爱情戒掉依赖之后才开始她们开了挂的人生？或许对于男人而言，一份真挚动人的爱情会是他们打拼事业的动力，因为有需要他照顾抚养的老婆孩子。

但对于女人而言，爱情更像是摧毁梦想的"化骨绵掌"，是我们一头扎进去就再也无法脱身的温柔乡和幸福梦。

很多人都说，女强人往往爱情不顺利、婚姻都不幸福。我认为这个逻辑有问题，至少因果顺序颠倒了。应该是，爱情不顺利、婚姻不幸福的女人更容易成为女强人。

因为她们没有依赖，没有软肋，没有退路，没有选择。眼前只有一条路：就是让自己越来越强，越来越光芒万丈。

那些爱情可以实现的梦想，男人可以负担的生活，她们只能依靠自己的双手实现。

我们的大脑和基因决定了女人比男人更需要爱情，所以这份爱更容易使我们分心，沉溺其中，放弃梦想，遗忘追求。爱情是女人的短肋，却未必是她们的铠甲。

但无论如何，爱情终究是一件好事。

深陷其中的时候，你可以全情投入地享受爱情。抽离过后，你也可以心无旁骛地拼搏事业。把失恋的痛苦，多出的时间，充沛的精力和内心的渴望都变成你奋斗的燃料，这才是一个聪明女人该做的事。

自己才是自己的最终归宿

前两天主任看《饭局的诱惑》着实被宁静美瞎了眼，那身材、那皮肤、那状态哪里像 45 岁的女人！

没错，生于 1972 年的宁静，今年整整 45 岁。记得主任小时候最喜欢跟妈妈一起看她主演的《孝庄秘史》，宁静的盛世美颜深深地刻在了还在读初一的我的心中。

剧中，宁静从少女大玉儿一直演到皇太后，纵贯了孝庄的一生。

有目共睹的演技和双料影后的加持我就不说了，我想特意说明的一点是：她在整部剧里都没有用到配音，从少女一直演到老妪，后期声音有明显的变化，接近于斯琴高娃，可见宁静的台词功底有多强！

在另一部古装大剧《吕不韦》里，宁静也是美出了天际，她是那种活色生香的美，充满侵略性的美，让人过目不忘的美，并且给人一种浑然天成的自然感。

近年来，宁静所塑造的角色跟十多年前的大玉儿比颜值也丝毫没有崩塌，而她专业上的成就，更是丝毫没有输给逆天的颜值。

她是 90 年代大陆身价仅次于巩俐的女演员，所获奖项仅次于巩俐

22 岁圣塞巴斯蒂安影后（就是冰冰 35 岁拿到的那个 A 类），并提名金鸡影后

23 岁提名金马影后

24 岁百花影后，提名金鸡影后

27 岁问鼎金鸡影后

30 岁之前国内成就比她高的演员屈指可数

可就是这样一个本可以超越章子怡的天之骄女，却在 24 岁那年选择了结婚生子，虽然这段婚姻只维持了两年。

1996 年，宁静与美国演员保罗·克赛拍摄电影《红河谷》时，当对方拿出一个"很小颗的钻石"戒指向她求婚时，宁静流着泪接受了。

在蔡康永的问答题里，对于这辈子说过最后悔的谎言，宁静用红笔写下了"我爱你"这三个字。

在主持人的循循善诱下，宁静也坦然复盘了婚礼当天的矛盾心情："走出教堂大门，看着洛杉矶上空飞机放飞的粉红色爱心气球，我突然红了眼眶，那一刻我坚信我不爱他。"

宁静这种才貌双全、年轻有为的女演员，怎么会在事业的最高峰仓促嫁给一个自己不爱的男人呢？

宁静在《饭局的诱惑》上透露，虽然当时只有20出头，但却非常恨嫁，至于原因，宁静扑闪着大眼睛对着蔡康永真诚地说："我的样子给了很多男人误解，觉得我是不好管教的女人，觉得我不是在家生孩子、做饭的样子，所以没有人愿意娶我。"。

最近有个热门段子说的是："姑娘，再不努力你只好去结婚了！"可见，对于如今二十出头的姑娘们来说，结婚生子显然是下下策，是没有办法的办法。

要怪只能怪宁静生错了年代，看看20年后这些女明星，不要说24岁问鼎百花影后的，就算只是个18线女团里站在最后排当背景墙的姑娘，都知道不能过早结婚以免断送自己的前程。

一个炙手可热的女演员在事业最高峰去结婚生子无疑等于自杀，江山代有才人出，翻红之路可说相当难走。

我常常在想，如果当年宁静不那么恨嫁，不受周围环境的影响仓促结婚生子，而是一心发展事业是否会取得比巩俐更大的成就？

都说性格决定命运，宁静看似大大咧咧风风火火的性格，却少了一份笃定一些坚持，少了一根任何人都戳不动的主心骨。所以在21年前，她只能做出她当年的选择。

她演绎了很多被野心浸淫的女人，可现实生活里的她却不是一个对事业对成就有那么大野心的女人，本质上，她是还是一个把婚姻看的比天大、崇尚家庭生活、渴望"愿得一人心，白首不相离"的女人。

这本没有错，只是在这个年代，哪有那么多白首不相离的爱情呢？

旧时代的女性终其一生追求的不过是"从一而终"，比较幸运的是在工业革命以前，人类的平均寿命不超过 40 岁，所谓一生一世一双人，也不过互相忍耐二十年罢了。

而当代婚姻动辄半个世纪，留给我们后悔的时间就太多了。况且，过去女性参与工作的程度极低，非常依赖婚姻带来的保障和安全感。

如今，中国女性的劳动率接近 70%，稳居世界第一，比法国等国家的男性劳动参与率还要高。独身或是离婚的物质基础得到了妥善解决，他们考虑感情问题也变得直接、纯粹起来，无非是：爱不爱？爽不爽？值不值？

谁还为了一口饭、一间房跟一个乏善可陈的男人去凑合一个漫长的人生呢？

所以心底镌刻着传统女性烙印，身体里又注入了新时代女性血液的宁静，会选择很快结束这段婚姻，带着儿子回国继续她的演艺事业，也就并不奇怪了。

这些年，活开了的宁静秉持着只谈恋爱不结婚的态度在享受爱情，之前还传出一个小她十几岁的男朋友。

一个女人活开了的标志除了不在婚姻里死磕之外，还有坦然面对那些年轻的时候让她们保持缄默的事情。

所以，当蔡康永问她是否"当年姜文喜欢你，你也喜欢他"时，宁静非常巧妙而又坦然地承认了，这在 20 年前可是记者们绝口不提的禁忌。

时光，终究为这个美人打磨出了一副通透的灵魂。

当年那个害怕自己嫁不出去的姑娘如今被儿子问到对于婚姻的感觉，给出的答案是："把你 ipod 里的歌删到只剩一首，然后单曲循环到没电，就是这种感觉。"这话是多么扎心又富有哲理啊！

被问到愿不愿意回到 20 岁，她坚决反对。理由是："我好不容易才长成了现在的样子，经历了多少摔打和心碎才有如今的金刚不坏之身，我为什么要回到傻啦吧唧的 20 岁啊！除非带着现在的回忆回去，那我愿意。"

我正准备为她疯狂打 call 的时候，她又令我大跌眼镜了。节目里一个嘉宾说自己嫁给了初恋，宁静非常羡慕地说："这非常好，你做到了从一而终，我没有，恭喜你。"

我身边当然也有一条道走到黑嫁给初恋的姑娘们，我会真心实意的祝福她们，但绝不会把"从一而终"当作一条标准，一块牌坊，更不会觉得没有做到"从一而终"的女人就低人一等。

爱情是一段又一段的旅程，婚姻也不过是一种人生体验，并不是一辆你一旦坐上了就不能下去的死亡列车。况且很多时候，不是我们女人不想"从一而终"，而是男人们不配合啊！

他要变心，他要分手，他要离婚，他在跟你的这段剧本里早就杀青准备去下一个剧组了，你还要在那儿自顾自加戏么？

很多人喜欢妖魔化现代女性，其实我们只是选择顺应这个时代的变化，在瞬息万变的感情和婚姻关系里，把握住那个独立、清醒、理智的自己。

相爱时坦荡，分开时潇洒；相信爱情，但不迷信爱情；尊重婚姻，但不受制于婚姻。这才是新时代女性们最普遍的爱情观。

如果找不到可以让你的心精进起来的人，就努力成为那样的人。女人终其一生想要捋清的关系，不过是跟自己的关系。

千帆过尽后她们不再苦苦追寻一个理想归宿，是因为已然明白一个重要的道理：只有自己才是你最终的归宿；她们也不再执着于"永恒"，因为深刻意识到爱情里所有的不幸皆源自于想要把美好的事永远延续下去。但美好从来不是永恒的，而只是某一刻的事。

所以，她们专注而笃定的享受当下，享受此时此地此身。不再把是否拥有完美爱情、理想婚姻作为人生目标，并跟人生的幸福画上等号。

她们明白，人生是人生，爱情是爱情，爱情只是五味杂陈而又丰富多彩的人生里渺小的一部分。

新时代的女性，她们的通透跟圆融就在于让理想归理想，爱情归爱情，她们不再把爱情奉为理想，也不再用全部热情去供奉婚姻，反而能够坦诚全然的享受爱情，体会男人这种生物的可爱跟有趣。

30 岁不到就恢复单身的宁静，早已不再是单曲循环听到 ipod 没电的那种女人。希望她不要被"从一而终"的思想所束缚，活的像她那张脸一样，荤一点！

《我的前半生》——那个注定被抛弃的太太

任何一段关系，都是从内部开始崩坏的。特别是一段绵延数年，长进彼此肉里的亲密关系，并不是区区一个小三可以瓦解的。

很多时候，第三者只是一个诱因，没有这个诱因也会有其他的诱因。一段关系之所以会崩坏的根本原因还是在于你们本身就不够牢固，不够信任对方。

少了非你不可的执着，多了不行就分的任性。

就拿《我的前半生》来说，要不是后面陈俊生太绝情，怕是很多人都会觉得子君活该被离婚吧。

站在陈俊生的角度，一年出差 200 多天，不出差的时候每天加班到 12 点。一个人辛辛苦苦在咨询公司做到项目经理的位置也不过百万年薪，却要养活三家人，每天睁开眼十几口人等着他吃饭，他敢懈怠吗？

太太沉迷于美容购物抓小三，说起奢侈品牌如数家珍，除此之外与文盲无异。孩子问角膜是什么，她回答：一种保养品，敷在脚上的膜。

他的压力与焦虑，她没有半点分担的能力跟想法。只顾自己貌美如花，从没想过一个人赚钱养家有多么不容易。

男人开始厌倦一个女人，并不是从发福的身体和松弛的皮肤开始的，而是从没有共同语言开始的。

话不投机半句多才是最可怕的第三者。

陈俊生的眼睛里是项目、数据、考核、客户，子君的眼睛里是孩子、保姆、吃喝、购物，两个人渐渐地没有话说，他的世界她不懂，她的琐碎他也没兴趣懂。

所以唐晶总结得非常对："两个人在一起进步快的那个人总会甩掉那个原地踏步的人。因为人的本能，都是希望能够更多地去探求生命，生活的外延和内涵。"

别问我为什么这么笃定，因为我就是这么甩掉某一个男朋友的。

大家步调不一致了，你我都累，不如彼此放生。

你过你的养老生活，我走我的激进人生。

而陈俊生有没有小三都会放弃子君。你难道还没看出来吗？他已经负担不起现在的生活了。目前的职位很有可能被生猛的后起之秀取而代之，想跳槽到更大的公司，手里筹码又明显不足。

孩子一天天长大，老人一天天老去，无论是子女的教育还是老人的医疗将来都要面临巨大的经济压力。妻子的生活水平是总裁太太级别的,还有个不省事三天两头来要钱的小姨子。

陈俊生还不到40岁,就迎来了可怕的中年危机。这个时候他太需要一个帮他分担一把的左膀右臂了。所以当贺涵把小三做的报表放到子君面前的那一刻,我完全理解了他为什么会如此坚定地选择她。

撇开什么爱情、激情不谈,此时此刻的他是真的很需要一个这样的女人,一个非常得力的左膀右臂,一个共同进退的坚实同盟。

看到这里我知道很多姐妹已经想砸手机了,特别是跟子君一样辛辛苦苦带孩子,把全部青春都奉献给家庭的女人们。

你们都想和子君一样咆哮一句:"我辛辛苦苦一个人带孩子!劳劳碌碌操持一个家!我难道不辛苦吗?我没有替他分担吗?我的付出没有价值吗?"

站在女性的角度我非常认可你的付出,我认为一个优秀主妇的价值比得上一个企业的高管。

但是不好意思!男人普遍不这么认为!他们认为你做的事情老人也能做,保姆也能做!他随便花钱请个人都能替代你!你根本没帮他解决什么问题!!你并不是不可替代的!

我有个客户就这样甩了自己老婆,头也不回地娶了个大他9岁事业上能帮到他的政府官员。男人眼里的有用、有价值指的是位高权重，指的是真金白银。

拜托，他们永远都比女人现实。

无论有没有第三者的介入，或早或晚，陈俊生都会抛弃子君。

我相信他曾经说过的爱她，会照顾她一生一世，都是发自内心的。同样我也相信，他想要抛弃她的决心是无可撼动的。

这并不是一篇讨好的文章，也不是在为陈俊生这个角色洗白。我想你们过得好，而不是收获同情票。时下女人们需要的并不是虚伪的安慰，而是残忍的打醒。

给你们喂鸡汤，告诉你们无论你们前半生过得多么糟糕，后半生都能成功逆袭的那些人并不是真的爱你。

只有嘴毒心善的本宝宝才会告诉你：

原著里，子君不穿有款式的衣服，嫌它们不大方。打开衣橱，清一色的黑白灰米色，材质不是真丝就是羊绒。电视剧里的子君呢？整天不是红配绿就是绿配黄，穿得跟交通信号灯似的，毫无品位可言。

原著里的子君名校毕业，斯文大方，说一口流利英语，把一个大家庭收拾得妥妥当当，是一个优雅体面的女人。

电视剧里的子君生平只做三件事：买东西，做美容，抓小三。就连鞋店服务员都在背地里嘲笑她："这样的女人怎么可能嫁入豪门？"

小说里的子君，同样是家庭主妇，但是根据她待人接物的行事作风，你丝毫不会怀疑她的工作能力。因为教养品位和人格魅力是贯穿始终，影响人一生的。

一个能干好"主妇"这一职位的女人，很可能也能胜任"主管"这个职位。所以原著里的子君离婚后的职场之路走得顺畅是理所应当的事，那根本不叫逆袭。

但电视剧里，一个心性、教养、品位都如此糟糕，冤枉了小姑娘勾引自己老公，非但不道歉还说出"跟家庭比起来，教养是一文不值的东西"，这样的女人是不可能在职场上披荆斩棘、名利双收的。

不要相信电视剧，那只是给先天不足后天不努力被老公抛弃又幻想着后半生能逆袭的女人下的药。

记住，爱情都有保鲜期，婚姻也不是保险柜。男人永远都比女人现实，婚姻怎么选都是错的，嫁给任何男人都不能放弃自我，更不能放弃独立。

这是你紧握在手中最后的权利。

我只想做个既性感又任性的妈妈

随着周围的朋友接二连三当妈，我逐渐开始思考如果将来有了宝宝，我会是个怎样的妈妈。下午看《华尔街之狼》时，我发现我当妈了极有可能就是男主的第二任老婆 Naomi 这副德行（不论人品和作风，单看外形和性格）。

简单说就是，看上去完全不像孩子他妈。

很多中国妈妈，从怀孕的第一天就高度紧张，严阵以待，把自己当作全家甚至全社会的重点保护对象。

从自身做起：不护肤不化妆不打扮不收拾，不工作不娱乐不聚会不旅行。

要求另一半：不要嫌弃我，不要出轨，我在家养胎时你也最好别出门，我坐月子时你最好陪着我一起，哪一次产检要是你没有陪着，我就要跟你闹离婚。

要求全社会：在公共交通工具上，人们必须给我让座，在开车和走路时，也得照顾我。总之，因为我是一个孕妇，所以全世界都得让着我。

当然，也有很多新时代女性是孕妇中的楷模，比方我的闺密C小姐，她检查出怀孕的那天本来约好了跟我一逛街吃饭，但她足足迟到了2个小时，我忍无可忍打给她说："你是被外星人绑架了吗？"她非常淡定地回答我："没有，我怀孕了。"我连忙说："那你直接从医院回家休息吧，我改天去看你！恭喜宝贝！太为你感到开心了！"

结果她非常平静地说："不就是怀个孕么！多大点儿事，等着，我现在过去找你，我们逛街吃饭，该干吗干吗。"这样的风格持续了她整个孕期，除了不再穿高跟鞋、少吃冷饮之外，她的整个生活跟平常一模一样。每天依然粉底、口红一个都不少，只是全套化妆品换成无刺激的植物品牌。每天穿得不重样儿，不同的包包还要搭配不同的鞋子。以至于，在怀孕4个多月的时候还在路边被搭讪，以为她是未婚的女孩儿。

肚子一天天大起来，她却依然每周约我逛街、喝下午茶。我担心她连逛2个小时体力不支，结果C小姐莞尔一笑，说："孕妇没有你认为的这么娇气，你摸摸我肚子，皮实着呢！再说怀孕也需要运动，不能天天在家养着。适量的运动对妈妈和胎儿都好。况且孕后期体重长得太快了，我要控制在20斤以内。"

就这样，在离预产期只有3天时，她还在逛街，并且软磨硬泡让我陪她去美容院种植了睫毛，因为剖宫产手术那几天没办法化妆打扮，她还是想要美美的。转眼她女儿已经一岁零四个月了，健康活泼，人见人爱。孕期就从不把自己当孕妇的 C 小姐，生完孩子自然也没用妈妈的身份束缚自己全部的生活。

跟所有妈妈一样，她亲自喂奶带孩子。虽然有月嫂帮忙，许多事依然亲力亲为，同时，她也从未放弃过工作和社交。因为孕期饮食上没有大鱼大肉的进补，又经常运动，生产完不到 3 个月，她已经彻底恢复了产前的身材。

有人觉得，她是个不称职的妈妈，没有 24 小时陪伴孩子，不喜欢晒娃，甚至会丢下孩子自己去旅行。

有人觉得，她是赤裸裸的人生赢家，婚姻事业两手抓，老公帅，女儿萌，婆婆妈妈都不烦她。

而我哪一种都不是，我恰恰认为她是非常称职的妈妈。C 小姐之所以白天可以正常工作社交，是因为她牺牲了一部分睡眠时间在带娃，喂奶。她不晒娃，是因为觉得朋友圈晒娃存在安全隐患，但是每天都会给孩子拍照片、录视频，私下跟家人朋友分享。她看上去只关心穿衣打扮、工作赚钱，但是有关孩子的一切她都门清。有一次，我去看望另一个刚生孩子的闺密，她不会用吸奶器，我立刻打电话给 C 小姐。C 小姐二话不说，暂停会议，一大帮子人等着，她视频教我用吸奶器。

永远不要肤浅地认为，那些看上去"不称职"的妈妈，就真的不称职。她们没有在朋友圈晒娃，并不代表她不在乎自己的孩子。她们白天像往常一样生活，也不代表晚上回家倒头就睡，心安理得地把孩子丢给月嫂。

她们在意自己的身材和皮肤，不代表她们不关心宝宝的健康和教育。我相信没有母亲不爱自己的孩子，那些看上去"不称职"的妈妈，为了这份不称职，也许比那些看上去"称职"的妈妈付出了更多。

主任身边像C小姐这样的妈妈有很多，不过她是最典型的一位。可是，她之所以能成为典型，那是因为我还没当妈呢！

哈哈哈哈哈哈哈哈哈！如果我怀孕了，画风应该是这样的：

该化妆化妆，该打扮打扮。孕妇专用的化妆品和指甲油已经卖了多少年了，为什么不好好地打扮起来！怀孕了就应该心安理得地放弃自己吗？No！我要做全宇宙最美的孕妇！我会严格听从医生建议，在不影响孩子健康的前提下，适当饮食，合理运动，严格控制体重。

要知道，孕期长的每一斤肉，将来都是要还的呀！不要天真地以为，孩子生下来自动就会瘦！Too naive！连大姨妈都会在你年老的时候离开你，只有肥肉是对你最专一的！如果你不主动赶走它，它真的会死心塌地地跟着你一辈子！

另外，我是真的不打算买任何一件孕妇装，因为它们实在太难看了！我会穿自己的衣服直到穿不进去为止，再去买漂亮的大码女装，或者莫代尔棉这种弹性面料的连衣裙。

身为一枚孕妇，我也要优雅迷人，即使大肚子藏不住，背影也要婀娜多姿；而不是老远就看到一个不修边幅、穿着孕妇背带裤、踩着 Cross 拖鞋、目光呆滞、神情恍惚的人走过来。

身为一枚孕妇，我已经饱受孕激素造成的情绪困扰了，还要忍受腰酸背痛和体重飙升，也许我还会长出妊娠纹和小斑点。所以，我为什么还要忍受一个邋邋遢遢的自己啊？

这个时候难道不应该比怀孕前打扮得更漂亮、更神采飞扬吗？不然如何熬过情绪不稳定又冗长的 10 个月呢？况且，孕妇的心情真的很重要，也直接影响着宝宝的发育。

所以在这里，我要郑重其事地对我未来老公和公公婆婆说一声（虽然我还不知道你们是谁），我也许是你们这辈子见过的最不把自己当孕妇的孕妇。也许你们会看到一个挺着 8 个月的肚子、穿当季大牌秀款长裙、头发盘得一丝不苟、涂着红唇的我。你们不要紧张，也不要试图阻止我。

在不影响孩子健康的基础上，请允许我做个既性感又"任性"的妈妈。我相信，在孕期不委屈不怄气，是成为一个宽容、慈悲、乐观、坚强的好妈妈最重要的基础。至于我父母，他们太了解自己女儿什么德行了，是不会试图说服我做个传统孕妇的。

至于选择剖宫产还是顺产，你们不要笑，这是个我考虑了 10 年的问题。高一的时候，我买了一本《小 S 怀孕日记》，里面就写到了她选择剖宫产的原因，并且她连续三胎都是剖宫产。也许你有 100 个理由来说服我顺产如何如何好，但我只有一个理由：剖宫产可控性高，不会出现那么多猝不及防的幺蛾子。

身为一枚单身狗，我早已找到了武汉市最厉害的剖宫产手术的医生，她还有三年就退休了，不知道我来不来得及。我看过这位医生的"作品"：刀口小，位置靠下，非常隐蔽，几乎看不到。

此外，对去疤凝胶和手术祛疤我也做了深入的研究，确保能有效解决疤痕问题。实在不行，我也想好了对策：在疤痕部位文宝宝名字的字母缩写，以纪念我们这一世的母子情缘。

也许没有哪个单身狗会考虑这么多关于生孩子的问题，但我就是这么奇怪的一个人。我恐惧身材走样，恐惧脱发长斑，恐惧疼痛疤痕，恐惧老公出轨。但是我知道，这些都不会阻止我想要成为一个妈妈，甚至，我对于生孩子这件事的肯定，比对于结婚这件事的肯定还要强烈。我问过自己，是否有种做个单身妈妈，答案是 yes。但是，哪怕我有能力自己养孩子，我也不能剥夺他享有父爱的权利。

因为我想要有孕育生命的体验，一个孩子无缘无故、无法选择地被我带到了这个既美好又现实的世界，我已经欠了他一份需要倾尽我一生去"偿还"的人情。再让他生来没有父亲，这未免太过残忍。所以我会跟大部分人一样正常结婚生子，即使我不认为"丈夫"是生活的必需品，但对孩子来说，爸爸就是他们的天。

我习惯思考一些暂时不需要面对的问题，我不认为这是杞人忧天。因为有准备的计划永远比无准备的接受具备责任感。我希望有一天，我怀孕了，我可以坚定地说："妈妈等这一天已经很久了，精神上物质上我都已经准备好了，欢迎你的到来。"而不是惶恐不安，手足无措，到最后一周还在考虑：我到底是顺产还是剖宫产。

"卸货"以后，我也会用最快的速度恢复身材。不为了别人羡慕的目光，我也不会参加任何形式的"辣妈"选美，仅仅是为了我洗完澡后可以像往常一样，自信地站在镜子面前。取悦自己，就是我追求外在最大的原因。

但这里有一个前提——这身材、这皮肤，值得被欣赏。我没办法对着镜子里150斤、满脸斑点的女人由衷地说一句：你真美。我可以欣赏他人各式各样的美，但是到了我自己这儿，只有这冷冰冰的一套标准。

另外，我永远不会对未来老公说："我变成一个松垮的肥胖，都是因为帮你生孩子。所以你要爱我，对我忠诚，不能出轨。"首先，我并不是帮任何人生孩子，只是选择和一个男人共同孕育生命，所以我不会把一切后果都怪到丈夫和孩子的头上。这是我自己的选择，我感谢他们的配合。

其次，求人不如求己。与其祈求丈夫专一不出轨，不如让自己身材变完美。吸引永远比强迫管用。虽然我承认，人类是轻微多偶制的动物，出轨是写在男人 DNA 里的劣根性。但是保持好身材至少可以降低他出轨的概率吧，况且做个身材火辣的性感妈妈，最终的受益人是咱们自己。

难道老公出轨，或者婚姻破碎，你 60 厘米的小蛮腰就不存在了吗？你坚挺结实的蜜桃臀一夜之间就平了吗？你修长笔直的美腿离个婚就变粗了吗？保持身材，保持性感，永远没错。有勾引他的实力，也有让他滚的本钱。当了妈，也不要放弃自己的身材，放弃身材等于放弃了一半的人生。

比起 1 岁上早教，3 岁学英语，5 岁开始上各种钢琴舞蹈声乐培训班，我更愿意在孩子读小学前，多带他运动和旅行。在旅行的途中，把我看过的书改编成童话，用讲故事的方式与他分享。精神世界的搭建，短期内是没有任何回报的，带着孩子旅行也比把他丢到早教中心辛苦得多。但是我相信，带孩子一起读万卷书行万里路并不是白费工夫。

启发他、引导他，永远比教育他、约束他有益得多。相较于每天给孩子准备一日三餐，我更想为他做一些保姆无法胜任的事：把我对这个世界的感知和理解，把我看过的书、行过的路、经历过的有趣的人和事渗透到我们相处的点滴里。我想要跟他分享人生里的那些温暖而又细致的小事，而不是教育他：你要成为一个什么样的人，或者说妈妈想要你成为一个什么样的人。

简单说，我只想要培养孩子"成人"，而不苛求培养他"成才"。毕竟每个人对"成才"的定义和标准不一样，然而大多数想要培养孩子"成才"的家长，只是想要把他培养成亲戚邻居们都认可的那种"人才"吧。

对我未来的宝宝，妈妈不奢求你为我做任何事，甚至不会像你外公要求我那样，去要求你"做一个对社会有用的人"。你选择了我做你的妈妈，可以让我有机会孕育一个生命，听你开口喊妈妈，可以参与你的成长，那便是你给我最好的礼物。

至于你将来学文科还是学理科，搞体育还是搞艺术，喜欢男人还是喜欢女人，我都不干涉，我都支持你。你若成为对社会有用的栋梁之才，妈妈感恩欣喜。你如果只想做个普普通通的、站在路边为栋梁之才鼓掌喝彩的平凡人，妈妈也一样视你为我的骄傲。

毕竟我这一生，既不想跟人比出身好，也不想跟人拼嫁得好，那么自然也不会把孩子当作跟街坊四邻、亲戚同学炫耀的工具。我没有什么未了的心愿需要你替我完成，你如果想去地球上任何一个角落定居，我也不会感慨什么"久病床前无孝子"。

我理解很多父母望子成龙的心情，但是你们有没有问过，孩子自己想要成为什么？你想让他做医生、律师、高管，也许他想要做理发师、画家、木匠。为什么你要把自己的理想凌驾在孩子之上呢？

生孩子不是你实现职业理想的途径，孩子也不是你炫耀的工具啊！偶尔看到一些已经规划好孩子一生的家长，我真的很想问一句："你这辈子到底活得有多失败，才会把所有希望都寄托在孩子身上？"自己越没本事的家长，对孩子要求越高越苛刻。

不要把你的付出凌驾在孩子之上，全然的尊重，才会带来真正的理解。大人们不要觉得自己推掉聚会、应酬、玩乐和休息的时间陪孩子是一件多么伟大的事。在孩子的眼中，他放下遥控飞机、电动车，依依不舍地从隔壁妹妹家里出来陪妈妈逛街、买菜、走亲戚也是同样的了不起。你是我的孩子，没错。

孩子也是一个具有独立人格的人。我会把你当作一个大写的人去尊重，其次才是当作我的孩子去疼爱。我永远都会去了解，你到底需要什么。而不是只考虑，我应该塞给你什么。

妈妈有自己的生活和事业，我不会无止境地为你付出精力和金钱。但同样，我所有的付出都是心甘情愿，不要你"听话"不需要你回报，也不需要你养老。也许你会认为，我是一个"自私又任性"的妈妈，但是我保证你会喜欢我这个自私又任性的妈妈，我会努力让咱们相处得很愉快。

今天是母亲节，全世界都在歌颂母爱的无私和伟大。然而，我并不想也没办法改变潮水的方向，我只想默默地做一个既性感又任性的妈妈。如果10年后，我也有幸过母亲节，我希望在孩子送给我的贺卡上写着："柳妹，你别再这么任性啦，如果你乖一点，我就把小熊送给你啦！"